JN213471

毎年きれいに咲かせる

アジサイの育て方

川原田邦彦

家の光協会

はじめに

梅雨の庭を華やかに彩るアジサイ。青や紫、ピンク、白、赤、黄、緑など、品種によって花色は多彩、形もさまざまです。実は、アジサイは世界でもっとも販売高が多い花木。近年は母の日のプレゼントとしても圧倒的に人気があり、時季になるとたくさんの開花鉢が園芸店の店頭に並びます。

全国各地にはアジサイの名所があり、古来より親しまれてきた身近な存在のアジサイですが、あまり知られていないことも多いと感じています。アジサイは丈夫で育てやすく、鉢植えでコンパクトに育てることもできます。一方で、ちょっとしたことで花をつけなかったり、枯れたりすることもあります。また、贈られた鉢植えをどう育ててよいかわからない、せっかくもらったのに枯らしてしまった、といった声もよく寄せられます。

けれども、心配はいりません。きれいに咲かせるためのポイントをおさえれば、毎年より美しい花を咲かせることができます。また、本書の図鑑ページにはさまざまな品種を掲載しているので、眺めて楽しんだり、育ててみたい品種選びの参考にもしていただけます。本書を通じて、多くの方にもっとアジサイを育てて楽しんでいただけると幸いです。

2025年4月　**川原田邦彦**

contents

毎年きれいに咲かせる
アジサイの育て方

はじめに …… 2

アジサイの魅力を再発見 …… 6

Part 1

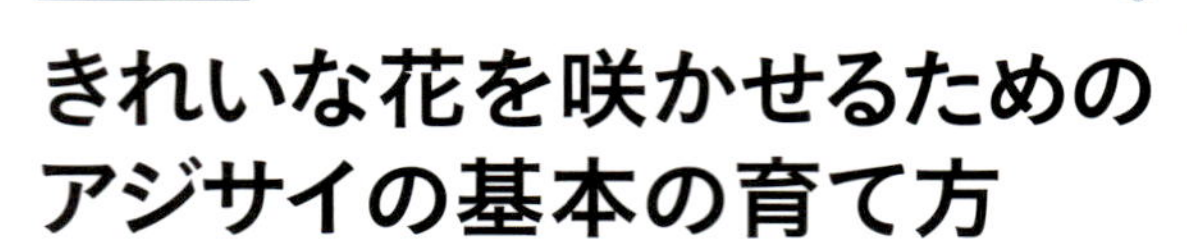

きれいな花を咲かせるための アジサイの基本の育て方

アジサイとはどんな花？ …… 12

アジサイの系統 …… 13

ガクアジサイ　ヤマアジサイ　アメリカアジサイ　カシワバアジサイ

その他の系統

きれいに咲かせる　基本の育て方と管理 …… 18

苗の選び方／用意するものと道具／置き場所・植える場所／水やり

アジサイの栽培カレンダー …… 20

花の終わりの見極め／花がら切り（花後の剪定）…… 22

花後の植え替え（鉢植えの場合）…… 23

開花株の植え替え（購入後）…… 24

鉢植えの植え替え（休眠期）…… 25

ふやし方（株分け／株分け後の植え付け）…… 26

（挿し木／緑枝挿し／休眠枝挿し）…… 28

（とり木／種から育てる）…… 30

剪定（休眠期）…… 31

肥料やり（お礼肥／寒肥）…… 32

病害虫対策 …… 33

アジサイをきれいに咲かせるためのQ&A …… 34

Part 2

育てたい品種が見つかる アジサイ図鑑

ガクアジサイ …… 38

ヤマアジサイ …… 55

エゾアジサイ …… 67

アメリカアジサイ …… 68

カシワバアジサイ …… 70

園芸品種 …… 72

その他 …… 79

Part 3

咲かせるだけではもったいない！ アジサイをもっと楽しむ

アジサイをもっと楽しむには①
変わったタイプを育ててみよう …… 82

アジサイをもっと楽しむには②
切り花を美しく長もちさせよう …… 84

アジサイをもっと楽しむには③
寄せ植えや花色の変化を楽しもう …… 86

アジサイをもっと楽しむには④
ナチュラルドライフラワーで楽しもう …… 88

訪ねてみたい！
アジサイの名所・おすすめスポット …… 91

さくいん …… 95

Column 1 アジサイの色はなぜ変わる …… 10

Column 2 香る魅惑のカシワバアジサイ …… 36

本書をお使いになる前に

- 植物名、品種名は一般的に流通している名称です。正式な品種名とは異なる場合があります。また、名称が変更になる場合があります。
- 作業の目安については関東以西平野部を基準にしています。地域、栽培環境、品種によって異なる場合があります。
- 植物の科名、属名については分類生物学の成果を取り入れたAGP体系に準じています。
- 種苗法にもとづいて種苗登録されている「登録品種」は、品種育成者の許可なく営利・譲渡目的でふやすことは禁じられています。
- 国立・国定公園内の特別保護地区では動植物の採取は禁止されています。また、他者の所有地から無断で植物を採取したり、自然に生えている植物を根こそぎ採取するようなことは絶対にやめましょう。

アジサイの魅力を再発見

眺めて、育てて楽しい

梅雨時期の庭を
さまざまな花色で彩るアジサイ。
日本人にはなじみが深い花木でありながら
近年ますます人気が高まっている、
その魅力はどこにあるのでしょうか。

さまざまな花色、草姿が楽しめる

青、紫、ピンク、白、赤、黄色……と、
同じ花とは思えないほどバラエティに富む花色。
咲き方も豊富で新品種も続々生まれており、
好みの花を見つけることができます。

雨に濡れた姿がもっとも美しい

雨に濡れても美しい姿を見せるアジサイ。
梅雨空のもとでもいきいきと咲く姿は、季節を感じさせてくれます。

鉢でも庭でも、丈夫で育てやすい

日本原産のものが多いアジサイは、日本の環境に合っていることもあり、
全国各地にある名所でアジサイの風景を観賞できます。
また、鉢植えでも庭植えでも元気に育てられるので、
ポイントを押さえれば、毎年美しい花を咲かせることができます。

いろいろな楽しみ方も

アジサイは寄せ植えにすると違った表情を見せてくれます。
また、切り花やドライフラワーにしても、長く楽しめます。

暮らしに
アジサイを
取り入れて
みませんか？

column 1

アジサイの色はなぜ変わる

同じ株でも違う花色の花が咲いたり、咲くにつれて花色が変化したりするなど、色が変わるという特徴をもつアジサイ。「七変化」の別名をもつほどです。どうして色が変わるのかを紹介します。

1株でさまざまな花色を見せる'トーマス ホッグ'

アジサイの花の色は、蕾は緑色、開くに従い本来の品種のもつ色になり、最後にはまた緑色になります。花は散らず、花後、そのままにしておくと品種によってさらに緑色、赤、ピンク色、紫色などに変化します。この花の終わりの色は、品種や日当たりの具合で変わります。この時の色が美しいものがあるため、花の終わりがわかりにくいという人もいます。

花色は、土壌のpHで変わることが広く知られていますが、一部日光の量により変わるものがあります。白色の花はどんな土壌でも色の変化はありません。白以外は酸性土壌では青くなり、アルカリ性土壌では赤やピンク色になります。中性土壌では、紫色に変化します。酸性土壌で花色が青くなるのは、土中のアルミニウムが溶け出し、それをアジサイが吸収するためです。

日当たりが色合いに関係する品種は、クレナイやベニガクなどで、日当たりが強くなるほど濃い色に変化します。

同じ品種でも色合いが異なるヒメアジサイ

'クレナイ'は日当たりがよいと紅色が濃くなる

Part 1

きれいな花を咲かせるための

アジサイの基本の育て方

アジサイは丈夫で育てやすく、花も咲きやすい植物です。
でも、花がつかなくなったり、元気に咲かなかったり、枯れてしまったりすることもあります。
基本をしっかりおさえて、毎年きれいな花が楽しめる育て方を紹介します。

アジサイとはどんな花？

アジサイといえば、梅雨の時期の庭をさまざまな花色で彩るイメージをもつ方が多いかもしれません。古くから親しまれてきたアジサイですが、どのような特徴をもつ花なのかを紹介します。

日本生まれの花木

一番の代表種のガクアジサイは日本原産で、ほかにヤマアジサイやタマアジサイなど12種2雑種が自生しています。幕末に中国経由でヨーロッパに紹介されると高い人気となり、ロシアやアメリカにも導入されていきます。当時、日本ではあまり人気がない植物でしたが、欧米ではすぐに育種が行われ、日本に逆輸入されて西洋アジサイという誤った名称が根づくことになりました。日本でアジサイが注目されるようになったのは、品種がかなり増えてきた、今から30年ほど前になってからです。

ヤマアジサイ‘伊予紫紅’

日陰でも育つが、実は日なたが好き

丈夫で育てやすく花期が長いので、現在では母の日の一番の贈り物になりました。母の日に集中して出荷されており、旬である6月には出荷のピークは過ぎてしまうほどです。また日本各地でさまざまなあじさい園が作られ、観光の目玉にもなっています。

日陰の植物のイメージが強いですが、アジサイの名所になるお寺などは、水の蒸散を防ぐために日陰に植えられていることが多いです。実は、ガクアジサイは海岸の日光のよくあたる場所に好んで自生します。日陰にも耐えるので、日陰に植えつけることが多いのも事実です。しかし、あまりに日照が不足すると花つきや花色の発色も悪くなります。日当たりのよい場所では、株が締まって成長し、花つきもよくなります。

日向でよく咲くアメリカアジサイ‘アナベル グランデクリーム’

3つの咲き方と4つの系統

アジサイの咲き方の多くは「ガク咲き」（ガク型）と「てまり咲き」（てまり型）に分けられます。さらに「ピラミッド咲き」と呼ばれるタイプもあります。

アジサイの花には「両性花」と呼ばれる雄しべ・雌しべのみの部分と、装飾花（中性花）という「ガク」の部分があり、その部分の違いが咲き方の違いになります。

また、品種の系統としては大きく4つのタイプ（p.13～）に分けられます。

ガク咲き

両性花　装飾花

てまり咲き

両性花　装飾花（萼片）

咲き方

ガク咲き

アジサイの基本の花の形で、中央に花弁のない両性花がつき、それを囲む額縁のように装飾花（中性花）がつくので、「ガク咲き」と呼ばれる。写真はヤマアジサイ‘踊り子甘茶’

てまり咲き

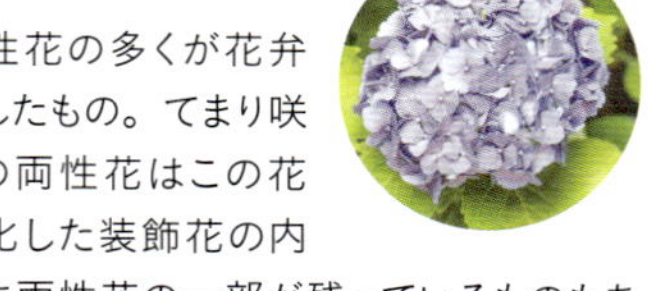

両性花の多くが花弁化したもの。てまり咲きの両性花はこの花弁化した装飾花の内側に両性花の一部が残っているものもある。写真はガクアジサイ‘黄金葉’

ピラミッド咲き

花序の形が円錐形になるもので、ノリウツギやカシワバアジサイなどがこれにあたる。写真はカシワバアジサイ‘リトル・ハニー’

アジサイの系統

日本で栽培されているアジサイは大きく4つの系統に分けられます。
また、それらに属さないものもあります。それぞれの系統の特徴を紹介します。

ガクアジサイ

アジサイの原種とされる日本原産の系統で、基本種は中央の両性花を装飾花が囲む、ガク咲きのガクアジサイ。
ガクアジサイを品種改良し、続々と誕生しているてまり咲きの品種もこの系統に含まれ、
近年はいっそうバラエティ豊か。

おもな特徴と栽培のポイント

日当たりを好み、大型になります。また、葉に光沢があるのが最大の特徴です。ホンアジサイが代表的な品種で、もっとも多く栽培されている系統です。花も大きく、派手なものが多いイメージがありますが、江戸時代には5品種ほどしか知られていませんでした。装飾花が八重になるてまり咲きの品種が育種されたり、八重の自生品種'城ケ崎'が発見されたりしたことで育種も進みました。

'てまりてまり'

おもな原産地

関東、東海、伊豆七島、四国(足摺岬)、九州(南部)、小笠原諸島　の沿岸部

開花期

6～7月

ガクアジサイ(原種)

ホンアジサイ

'城ケ崎'

葉の特徴

葉が丸みを帯びた形でやや厚め、光沢がある。産毛は少ない

ヤマアジサイ

日本の山野に自生する原種がベースになった系統。
株はガクアジサイと比べて小型で花も小さめ、地域による特徴をもつものがあり、野生種らしい趣が魅力です。
清楚で可憐な姿を生かした園芸品種もあります。

おもな特徴と栽培のポイント

自生地は半日陰で、小型のものが多いもののガクアジサイ同様、大型のものもあります。葉に光沢がないことが特徴です。江戸時代から知られる‘ベニガク’、‘べにてまり’、シーボルトの「フローラヤポニカ」で知られる‘七段花’をはじめ、近年では、人気の上昇とともに各地から新しい品種が発見されています。小型のものは寄せ植えの素材としても人気が高く、楽しまれています。

‘深山八重紫’

おもな原産地

本州（関東地方以南）、四国、九州。ヤマアジサイ変種であるエゾアジサイは北海道南部、本州（奥羽地方から山陰地方）

開花期

5月下旬～6月

‘紫水晶’

‘屋久島コンテリギ’

‘クレナイ’

葉の特徴

葉は丸みを帯びつつも先が細く、光沢はない。産毛は多め

アメリカアジサイ

アメリカノリノキが正式な和名で、代表的な'アナベル'は、その自生種のひとつ。
直径 20 〜 30cm にもなる大きなてまり状の装飾花が華やかで、近年人気が高まっています。
他のタイプと異なり、休眠期に剪定できるのが特徴です。

おもな特徴と栽培のポイント

他のアジサイの系統との明確な違いは、春に伸びた新梢の先に蕾がつくことです。そのため、他の種類と異なり、花後の剪定をしなくても次年の花が期待できます。'アナベル'が人気で一番知名度もあり、多く栽培されていますが、もともとの基本種はガク咲きでアメリカに自生していたもの。

イリノイ州アンナ郊外でハリエット・カークパーク氏が発見したことによりアナベルの名がつけられています。

'アナベル プティクリーム'

おもな原産地

北アメリカ

開花期

6月

'アナベル グランデクリーム'

'アナベル ミニルビー'

'アナベル グランデピンク'

葉の特徴

葉の厚みは薄く、形は丸みを帯びている

カシワバアジサイ

北アメリカ原産の、装飾花が円錐形に集まった花房が特徴のタイプ。
比較的開花期が長く、秋には紅葉も楽しめます。

'スノーフレーク'

おもな特徴と栽培のポイント

葉がカシワの葉に似ていることが名前の由来です。大型で花房は円錐形になりますが、ノリウツギのように立ち上がらず、横向きや下向きになるものが多くあります。花に芳香のある品種も知られています。他の品種と異なり、乾燥地を好みます。また、日当たりがよい場所では、秋になると葉が美しい赤色に紅葉します。一番人気は装飾花が八重の'スノーフレーク'ですが、その他にも十数品種が流通されています。

秋の紅葉

おもな原産地
北アメリカ

開花期
6月

'アプローズ'

'バック ポーチ'

'エレンホッフ'

カシワの葉のように葉に切れ込みが入っている

その他の系統

**代表的な４つの系統以外にも、アジサイにはさまざまな系統があります。
ヤマアジサイの亜種で、より野趣あふれるエゾアジサイや、開花期が早いガクウツギ、
樹高が高くなるノリウツギなど、それぞれの特徴を生かして楽しみましょう。**

エゾアジサイ

大型で瑠璃色の花を咲かせることで知られていますが、それ以外の花色や品種が続々発見されています。空中湿度の高いところ(積雪地帯)に自生するものが多いので、冬に乾燥する地域では栽培が難しいといわれますが、実際にはかなり乾燥する場所でも耐えてくれます。

'星咲きエゾ'

タマアジサイ

大型で、沢沿いや空中湿度の高い場所に自生しています。蕾のような若い花房がいくつかの大きな鱗片に包まれて球になるのが名前の由来(p.80参照)。乾燥地では栽培が難しい種類です。開花期は6月下旬から7月にかけてと遅く、1本あると長く楽しめます。

'瓔珞タマ'

ガクウツギ

開花期は、4月下旬～5月上旬と早く、樹形はユキヤナギのように半枝垂れになります。装飾花は中型で目立ち、花色は白、黄色もあるといわれ、芳香がある品種もあります。葉は日当たりのよい場所では黒っぽい紺色になるので、紺照木(コンテリギ)といわれます。

ガクウツギ(斑入り)

コガクウツギ

これが「アジサイ?」と思ってしまうほど葉は小型で、樹形はユキヤナギのような美しい半枝垂れになります。花は一般的には白で、青やピンクの品種、花に芳香がある品種もあり、5月中に開花します。ガクウツギ同様、日当たりのよい場所では葉が黒っぽい紺色になります。

コガクウツギ(斑入り)

ノリウツギ

日本全国からサハリン、南千島、中国に自生しており、欧米では人気が高い種類です。花は白で、円錐形になるのでピラミッドアジサイともいわれます。新梢咲きで花芽は外部につかず、落葉期の剪定でほとんど花が咲きます。そのため花後の花がら切りの必要がありません。

'コットンクリーム'

コアジサイ

別名シバアジサイとも呼ばれる日本原産の花は、両性花のみのため地味ですが(品種により弁咲きがある)、爽やかな香りが楽しめて、山野草のような趣に人気があります。青や白の花があり、秋に黄葉します。繁殖は難しい種類です。

コアジサイ

きれいに咲かせる 基本の育て方と管理

丈夫で育てやすいアジサイですが、毎年、よりきれいに咲かせるためにおさえておきたい基本の育て方と管理方法を紹介します。

苗の選び方

おもに5～6月に店頭に出回るアジサイの株。ガクアジサイは開花株が鉢植えで出回ることが多く、他のタイプでは開花株の鉢植えやポット苗に加えて、葉だけの苗も出回ります。よい状態のものを選び、必要な道具を準備して育てましょう。

開花株（多くは矮化剤を使って栽培されたもので全体が詰まっている）を選ぶときは、葉が緑色で黄ばんでいないものを選びます。また、蕾の状態や花が若いもの（咲き始め）を選ぶと長く楽しめます。ガク咲きの場合、両性花が開いていないものが咲き始めです。開花株の場合も、花が黄ばんでいないものを選びましょう。

葉だけの苗を選ぶときは、なるべく枝葉が多いもので、ラベルに品種名の記載があるものがよいでしょう。

葉や花が黄ばんでいる苗（写真左）。
よい苗は生き生きとしている（写真右）

用意するものと道具

アジサイを育てるために、特別な道具は必要ありません。アジサイが元気に育つための、適度な通気性と保水性を保てる用土と鉢選びがポイントです。また、健康に育てるために、購入時や花後を含めて、2年に1回は植え替えをしましょう。

植え替え用の鉢は、適度に通気性がよい駄温鉢や陶器の化粧鉢を選び、もとの鉢と同じ大きさか、大きくするなら二回り程度大きなものにします。用土は赤玉小粒と腐葉土を7対3の割合で混ぜて使いますが、市販の培養土は通気性があまりよくないため多くは使用しません。少量を腐葉土代わりに使ってもよいでしょう。他には土をすくうためのスコップや土入れ、ピンセットと、土を根の周りにしっかり入れるために土をつつく棒（割り箸など）を用意します。

鉢は駄温鉢がおすすめ。素焼き鉢は通気性がよすぎて保水性が低く、水分を好むアジサイには向かない

置き場所／植える場所

半日陰でも育つ品種は多いものの、日当たりのよい場所に植えるのが基本。品種によって、より日当たりを好むものや、好む湿度にも違いがあるので、図鑑ページで確認してから置き場所や植える場所を決めましょう。

鉢植え、庭植えともなるべく日光がよく当たる場所に置きましょう。一日中日陰になるような場所では、翌年の花芽がつかないことがあります。真夏はやや半日陰でもよいでしょう。鉢植えの場合、植え替え時期に植え替えていないものは、根鉢がかなり回っているので水分の吸収がよくありません。そのため強い日光に当てると葉焼けを起こすことがあるので、置き場所に加えて水切れしないよう注意します。なお、カシワバアジサイは日光を好むので、夏でも日当たりのよい場所に置きます。

鉢植えは花が咲いている時に室内で観賞することも可能です。クレナイなどの色が濃い花は、日照不足だと色が濃くならないため、しっかり日に当てて色づいてから室内に移動させましょう。

また、どのアジサイでも室内に置く期間が長すぎると枯死することや、翌年の花がつかないことが多くなるので、気をつけます。

春の成長期によく日が当たると、枝葉が充実してよい花が咲く

季節感を室内で楽しめる鉢植え。色の変化を間近で観賞できる

水やり

英語でアジサイは「Hydrangea（ハイドランジア）」。「Hydra-」は「水」を示す接頭語、「angea」はラテン語、ギリシャ語で「器」の意味で、果実の形が水壺に見えることが名の由来。その名のとおり水を好むので、特に夏季は水切れに十分注意しましょう。

鉢植えの場合、基本は表面の土が乾いたら十分灌水します。置き場所や土中の根の回り具合で灌水の間隔が異なってきます。夏は一度に十分やるのが基本です。よく真夏は日中にはやってはいけないといわれますが誤り。夕方や翌朝まで待つと枯死することがあるので、葉がしおれるなど乾いているようならすぐにやりましょう。ただしホースで灌水する時はすぐにはかけず、少し出して水を冷たくしてから行います。また冬季は、夕方の水やりは不可といわれることもありますが、地面が凍るような寒冷地以外は夕方でも灌水します。

庭植えの場合、基本は不要です。ただし、真夏にしばらく雨が降らないときは、その年に植えた株には1週間おきに十分灌水します。数年以上育てているものも同様に、乾いているようなら1週間おきに灌水します。

鉢底から流れ出るくらい、たっぷりと水やりするのが基本

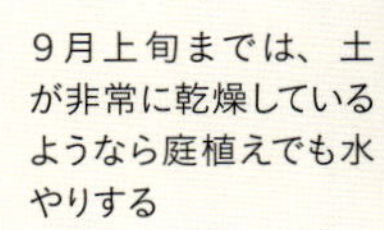

9月上旬までは、土が非常に乾燥しているようなら庭植えでも水やりする

アジサイの栽培カレンダー

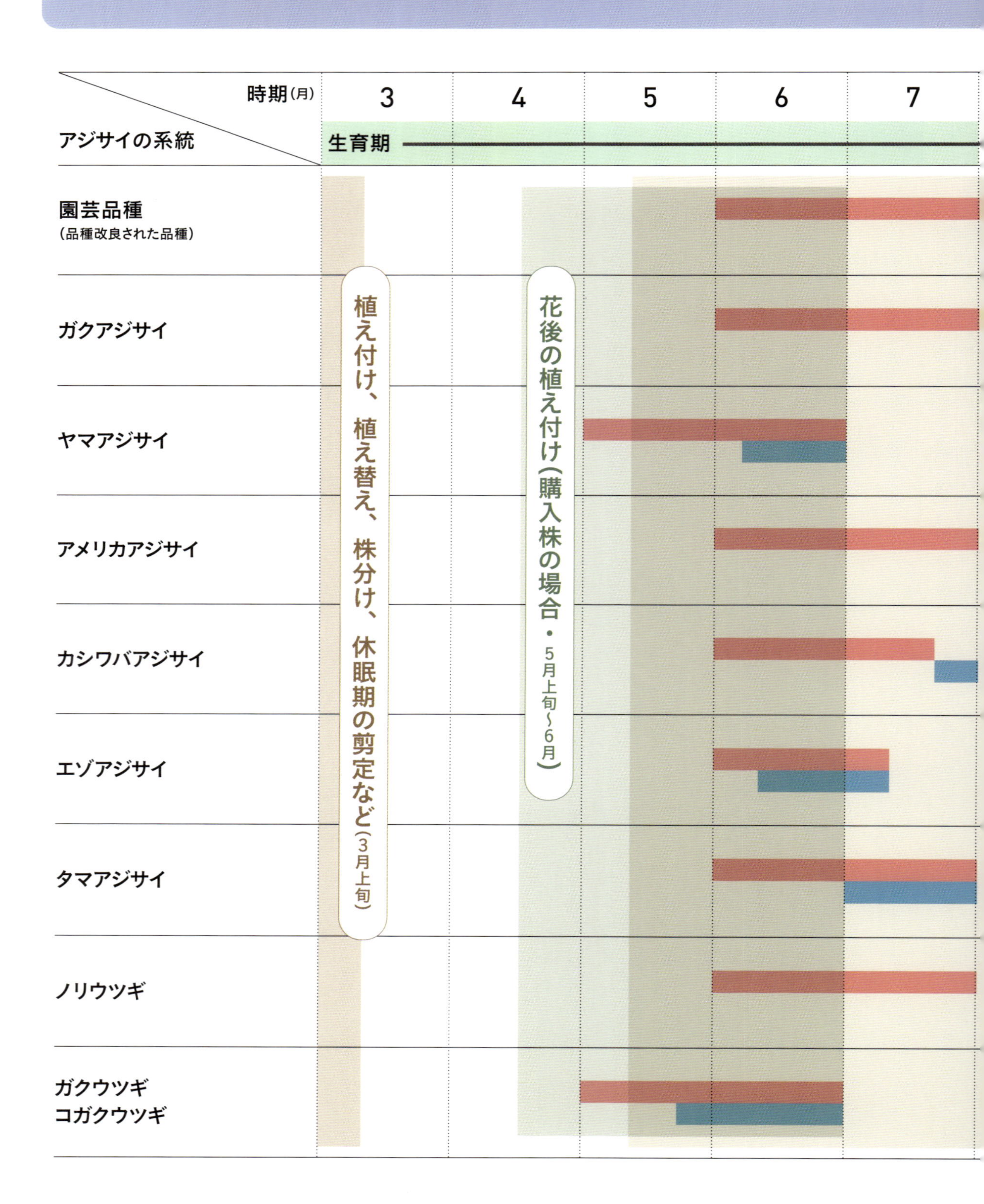

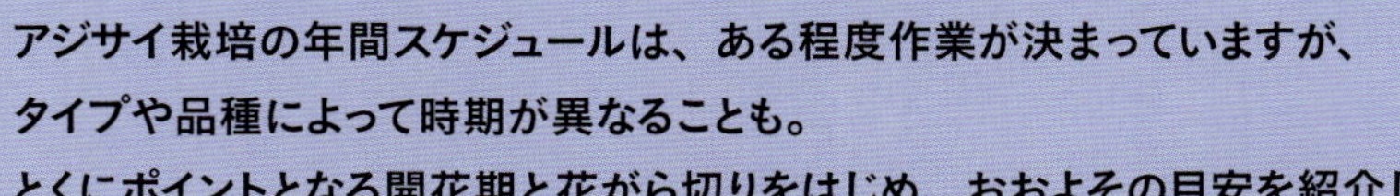

アジサイ栽培の年間スケジュールは、ある程度作業が決まっていますが、
タイプや品種によって時期が異なることも。
とくにポイントとなる開花期と花がら切りをはじめ、おおよその目安を紹介します。

8	9	10	11	12	1	2
→				休眠期 →		

花後の追肥（5月中旬～9月中旬）

植え付け、植え替え、株分け、休眠期の剪定、寒肥など（11月上旬～2月下旬）

花の終わりの見極め

アジサイの花は咲き始めが緑色で、その品種の色から緑色へと変化します。その後、日当たりの条件や品種によって、緑色、赤、紫などさらに変化します。その後、緑色になります。

1 花色が緑色になったら終わり

その品種のもともとの花色から緑色に変わったら、花の終わり。翌年よい花を咲かせるためには、すぐに花がら切りが必要。

2 装飾花が裏返る場合も

ガク咲きでは、さらに装飾花が裏返る。これは両性花が受粉した証拠で、もう虫を呼ばないというサインでもある。

さまざまな花の終わり

花がら切り（花後の剪定）

花の終わりがわかりにくいアジサイですが、あまり長くそのままにしておくと、翌年の花がつきにくくなります。花が終わったら、すみやかに花がらを切りましょう。

1 切る位置を確認

花が咲いた茎では、花がらだけを切り取ってもそこからわき芽は伸びない。花から2節めの節の上で切る。

2 芽を残して切る

芽を残して切れば、わき芽が伸び次の花の枝になる。咲かなかった枝はそのまま残してもよい。

3 切ったところ

切った下の葉の根元に芽が残っている。新しい枝を充実させ、花芽分化（次の年の花芽をつくること）を進めるには、花後早めに切るとよい。

4 すべて切り取る

同様にすべての花がらを切り取る。鉢植えの場合、切り取ったら植え替えの作業（p.23参照）をする。

観賞目的で花を残すときは

近年、「秋色アジサイ」という名前のアジサイが出回っていますが、これは花の終わりの色が美しい品種に名付けられたものです。花が密で固くなるヒメアジサイ、マジカルシリーズ、西安などの品種が該当します。すべての花をそのまま秋まで花を残しておくと翌年の花は期待できないので、全体の花の半分程度を残して楽しみ、あとは花後に切り取るとよいでしょう。

花色の変化を楽しんでも

花後の植え替え
（鉢植えの場合）

花がらを切ったら、新しい根の発根を促すためにも植え替えをしましょう。抜いたままで植え替えると新たな根は伸びにくく、状態が悪くなるので、かならず根鉢を小さくしてから植え替えることがポイントです。

1 株の根鉢を外す

花がらを切った後の株を鉢からそっと外す。鉢の上部を外側から数回たたくと簡単に抜ける。

2 根鉢をハサミやピンセットで崩す

根鉢の外側や下の部分を中心に、ピンセットなどで一回り小さく崩す。用土の3割程度を減らす。

3 鉢に土を入れる

鉢底石は不要

同じ鉢、または二回り程度大きな鉢に鉢底網を敷き、赤玉の小粒に腐葉土を3割程度混ぜた用土を少し入れる。

4 根鉢と用土を入れる

根鉢を入れ、鉢の縁から5mm〜1cm程度低くなる高さ（ウォータースペース）になるように用土を入れる。

5 指で押さえる

用土を入れ終わったら両手の指4本で押さえるようにして根鉢と土を密着させる。この時、全体をぎゅっと強く押さないこと。

6 棒でつつく

さらに棒や割り箸などで、鉢と根鉢の間によく用土が入るようにつつく。根が傷つかないように軽めにする。

7 水をたっぷり与える

用土の量を確認、調整してからジョウロで水を与える。鉢底から水が流れ出るまでたっぷりと。

8 肥料やり

花後にはお礼肥として肥料を与えるが（p.32参照）、植え替え、植え付け後の株は2週間程度おいてから与える。

植え替え直後に与えると根や植物が傷むので絶対に避けること

開花株の植え替え
（購入後）

市販の開花株は、株に対して小さめの鉢が使われていることが多いもの。また、用土も生産用のものの場合が多く、栽培には適さないので、鉢が小さい場合は購入後に植え替えましょう。

湿った用土は粘土状になり、根が呼吸できなくなるので使わないこと

1 用意するもの

アジサイ、植木鉢（現在の鉢より一～二回り大きなもの）、用土（赤玉小粒7、腐葉土3）、土入れ、突き棒）を用意する。

2 根鉢を取り出す

鉢を地面に置いて、鉢の上部を外側から2～3回たたくと抜きやすい。

これは NG

そのまま鉢に入れるのは×

抜いたまま根鉢を崩さずに植えると、根がよく回っているよい状態のものほど新たな根が出ずに、現状の根を枯らすことが多い。

3 根鉢をピンセットで崩す

ピンセットでほぐすように崩していく。園芸用のピンセットを使うと崩しやすい。

4 ハサミを使う場合も

ハサミで根を切る。四方八方に縦に切ってもよい。

5 崩したところ

もとの全体の根鉢の約3割をカットするのが目安。

6 鉢に用土を入れる

7号以下の鉢の場合は、鉢底石は入れなくてよい。鉢に用土を少し入れる。

7 土の上限の位置を確認

鉢の上から1cmほどの、ウォータースペースのために空ける位置を確認する。

8 根鉢を入れて深さを確認

アジサイの根鉢を鉢に入れてみて、先に入れた用土の量を調整する。

次のページに続く ↗

9 用土を入れる

根鉢と鉢の間に用土を入れていく。株を押さえながら入れるとよい。

10 棒でつく

棒などで根の間によく用土が入るようにつく。このときぎゅっと押すと根が傷むので注意。

11 水をたっぷり与える

鉢の底から水が流れ出るまで、ジョウロなどで十分に与える。

※開花株を庭植えする場合も、時期や作業内容は同じです。植えつけはp.27も参照してください。

鉢植えの植え替え（休眠期）

アジサイの植え替えは2年に一度を目安に、用土を変えてリフレッシュさせるために休眠期（11月～3月上旬）に行います。購入後や花後に植え替えた場合、その年の休眠期の植え替えは不要です。

1 一～二回り大きな鉢を用意

植え替え用の鉢は、大きすぎると用土の中に吸収しきれない水分が残って、根腐れの原因になり、鉢も重くなるので避ける。

2 根鉢を崩す

新しい根がよく伸びるように、根鉢を崩す。崩さないとその根を自分で枯らし、その後に根が伸びるので、植物の状況が悪くなる。

3 崩したところ

古い用土の3割を目安に取り除く。

4 用土を加え、根鉢を入れる

用土（赤玉小粒7、腐葉土3を混ぜたもの）を加える。市販の培養土は保水力が高すぎて根腐れしやすくなるので多用しない。

5 さらに用土を入れ、棒でつく

鉢と根鉢の間に用土がよく入るように棒でつく。根が傷むので強く押さないよう注意し、ウォータースペースを確保する。

6 水をたっぷり与え、枯枝は切る

鉢底から水が流れ出るまで、十分に与える。その後、完全に枯れている枝は切る。

ふやし方

アジサイは、さまざまな方法でふやすこともできます。比較的短期間でできる方法、じっくり時間をかけて行う方法などがあり、適した時期も異なるので、目的に合わせて選びましょう。

1 株分け（鉢植え・休眠期）

鉢植えで育てた株が大きくなった場合、株分けしてふやすことができます。用土をリフレッシュするので、生育を促すことにもつながります。

1 株分けする株を用意

切り分ける株の大きさによって、スコップやノコギリも用意する

2 根鉢を取り出す

鉢の上部を外側から2、3度たたくようにすると抜きやすくなる。

ここがポイント

土がついた株を切るとノコギリの刃が傷み切れなくなるので、古いノコギリを使うとよい

3 切り分ける

アジサイの根は固いので、スコップで分けられない場合はノコギリを使って半分に切り分ける。

4 2株に分割した状態

分けた株を庭に植えつけるときはp.27を、鉢植えにする場合はp.25を参照。鉢植えの場合、根鉢を3割ほど小さくすれば、同じ大きさの鉢に植えつけられる。

庭植えのアジサイを株分けするには？

鉢植えの場合と同様に株分けできます。かなり大きな株のことが多いので、必ず休眠期の11月下旬から2月中旬くらいまでに行います。3月までは休眠期ですが、この頃は芽が動き出していて、少し触ると取れてしまうことがあるので、必ず2月中旬までに行いましょう。大株は掘り上げに手を焼きますが、この時期なら土が落ちてもほとんど大丈夫です。株を切るのも鉢植えより大変ですが、お気に入りの株をふやしたい場合などに挑戦してみてください。

株分け後の庭への植え付け
(休眠期)

株分けした後、庭に植える場合のやり方です。植え付けた翌日、水やりした水分が完全にしみ込んでから株の周囲の土を踏んで安定させます。

1 植え穴を掘る

根をよく伸ばすために大きめの植え穴を掘る。根鉢の高さ・幅とも倍程度が望ましい。

2 腐葉土を混ぜる

植え穴の土に腐葉土を入れて混ぜる。掘り上げた土にも同様に混ぜる。

3 株と土を入れる

株の土の表面が周りの土の高さよりやや高くなるように位置を確認してから、掘り上げた土を入れ、株と残りの土も入れていく。

4 ウォータースペースを作る

植え付けたら、水が流れ出ないように周囲を土手のようにして、ウォータースペースを作る。

5 水をたっぷりやる

ウォータースペースの一番上まで水がたまるように水やりし、水が引いたらもう1度同じく与える。

6 1日おいて土を戻す

水分を株の周りに浸透させるため、1日おいてから周囲の土を元に戻す。株が安定するように根株の中心の土は周りより少し高くなるようにする。

ここがポイント

根が傷むので根鉢の上の部分は踏まない

7 株から少し離れたところを踏む

土を安定させるため、植えた根鉢の外側を踏む。植え付け当日は土が濡れていて、踏むと粘土のようになってしまうのでやらないこと。

アメリカアジサイの場合

枝を切り取る

アナベルなどのアメリカアジサイの場合は花後すぐに花がら切り(剪定)をしなくてよいので、花がついたままになっているが、このタイミングで株元から剪定する。

枝を切り取ったところ

2 挿し木

枝（挿し穂）を用土に挿して発根させ、ある程度の大きさにしてから植え付けてふやす方法です。生育期の緑枝挿し（りょくしざし）と休眠期の休眠枝挿し（きゅうみんしざし）があり、大体のアジサイはいずれの方法も可能ですが、タマアジサイやカシワバアジサイなどは休眠枝挿しが適しています。

①緑枝挿し（5月中旬～7月下旬、9月中旬～下旬）

1 挿し穂を準備

左右に二芽があるように二節ついた枝を使い、芽が土にふれない長さにカット。花がついた茎は花のすぐ下には芽がないので注意。葉はカットして水分の蒸散を防ぐ。

2 水揚げする

挿し穂を30分ほど水につける。生育期の場合は水分が必要なので必ず水揚げする。気温が高い場合、長時間つけると腐ってしまうので注意。

3 用土を準備

用土は、小粒の赤玉や鹿沼土、またはバーミキュライトなどを湿らせて使う。挿し穂を挿すためにピンセット、または割り箸を用意する。

4 挿し穂をつまむ

生育環境がよりよい、空気の流れがよい鉢の周りを優先して、よい苗から挿していく。ピンセットの間に挿し穂をぴったり挟み、穂が傷まないようにする。

5 挿し穂を挿す

ピンセットを土に挿すイメージで鉢の周りから挿していく。割り箸を使う場合は、用土に穴を開けてそこに挿し穂を挿し込み、土と密着するように根元を押さえる。

6 鉢の縁を優先する

鉢の縁を優先するが、鉢の中央にも順次植えていく。

7 なるべく多めに挿す

挿し穂が少ないと灌水の時に鉢土に水が残って腐りやすいので、苗が少量しか必要がない場合でもなるべく多く挿し、水やりする。

8 苗を育てる

明るい日陰に置き、用土が乾かないよう水やりしながら育てる。1か月ほどで発根したら日なたに移動させて育てる。写真は9月に挿した挿し木の3か月後。

9 成長したらポットに植え付ける

P.25を参照して植え付けたら、10日ほどは半日陰に置く。だんだん日当たりのよい場所に移動する。

②休眠枝挿し（1月下旬～3月下旬）

1　穂木にする株を選ぶ

あまりに太い茎や芽のない部分は発根しにくいので、その部分は避け、昨年伸びた充実した枝を選んで切る。

花がついた部分は芽がなく、枯れてしまう茎なので使用しない

2　切りそろえて穂木にする

左右に二芽以上あるほうがよいので、二節以上になるように枝を切る。土に挿す部分に芽がこないようにする。

3　穂木を挿す

緑枝挿しと同様に用土を用意し、ピンセットまたは割り箸を用いて穂木を挿していく。

4　3cm 間隔で挿す

穂木の間隔は3cmくらい空け、鉢の縁から挿していく。鉢の周りは外部からの空気の流れがあるため、優先して挿す。深さは穂木の芽が用土から出るようにする。鉢の周りから挿し木していく。

5　鉢の縁を優先させる

緑枝挿し同様、空気の流れがよい鉢の縁を優先して挿していくが、中央部分にも挿す。

緑枝挿しと同様に育て、翌年3月に植え付ける

6　水やりして管理する

十分に水やりをする。日当たりのよい軒下や室内の窓辺に置いて乾かさないよう管理すると、3か月ほどで発根する。

3 とり木

茎を曲げて土に埋め、発根させます。一度にたくさんはふやせませんが、最も確実にふやせる方法です。4～9月に行います。

1 ふやす茎を選ぶ

しなる茎で長く伸びたものを選ぶ。開花しているものでもよい。

2 茎を地表まで曲げる

茎の節の部分から発根しやすいので、その部分が地表に触れるように茎を曲げる。

3 茎を固定する

Uピンや針金を茎に挿して土に固定する。さらに節のすぐ下を針金で縛るとより発根しやすい（イラスト下）。

発根しても最初は根が短いので、そのまま育てて根を伸ばす

4 土をかけて水やりする

固定した茎の部分を覆うように多めに土をかけて水やりする。乾かさないよう管理し、早ければ2週間で発根する。半年後に元の茎から切り離す。

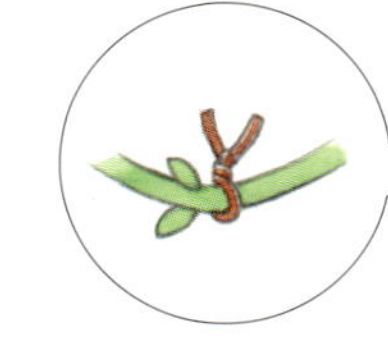

長く伸びた茎を曲げて地表につけるようにしてUピンなどで固定し、上から土をかける（イラスト右）。節のすぐ下を針金で縛るとより発根しやすい（イラスト上）。

4 種から育てる

挿し木やとり木ほど一般的ではないものの、アジサイは種をとって育てることも可能です。もとの花の特徴を受け継ぐとは限りませんが、自分だけのアジサイが作れる楽しみがあります。種は両性花につくので、花後そのままにして成熟させると、11月には種がとれます。

1 種をとってまく

両性花の実の部分に入っている、ごく小さなほこりのようなものがアジサイの種。用土（赤玉や鹿沼土の最小のものを単品使用）の上で花がらをもち、そのまま軽く振って播種する。好光性なので覆土はしない。

2 鉢の下から吸水

そのまま上から水やりすると種が流れてしまうので、鉢の下に器を置いてそこに水を張り、下から吸わせる。

3 管理して育てる

日当たりのよい場所で管理すると3か月後頃に発芽するので、殺菌剤をかける。本葉4枚になったら植え替えて株間を広げる。株がしっかりしてきたら植え付ける。種まきから3年後に花が咲く。

剪定（休眠期）

一般的な庭木は冬に剪定しますが、アジサイは花後の花がら切り（p.22）がメインです。休眠期は鉢植え、庭植えとも枯れた枝や混み合った部分の枝、残った花がらなどを中心に剪定します。

1 休眠期の鉢植え

枯れた枝が残るいっぽう、10〜12月には次の花や葉になる芽が作られている。

2 芽の上で切る

花や葉の芽がついた枝はその上で切り取る（写真右）。混みあった枝や先端が枯れた枝も切り取り（写真左）、新しい枝は残す。

3 すっきり整った株

新たな芽を残しつつ、古い枝を間引き、新しい枝を残していくことで株全体の枝が更新できる。

他にもこんな作業を

残った花がらを切る

開花後に剪定しなかった場合は、花がらのついた部分は枯れているので、芽が確認できるその上で切る。

枯れ枝を切る

枯れ枝を切り取るが、茎が全部枯れている場合は茎の根元から切り取る。混み合った枝は生育期に葉が重なり合い、日当たりが悪くなるので切っておく。

アメリカアジサイはどうする？

アメリカアジサイの花芽はほかのタイプのアジサイとは違って茎の外側にできず、翌年に伸びた茎の頂部に内部からできます。そのため、花後すぐに剪定しなくてもよく、冬季（11月〜2月）に茎の最下部で切り取ると、新しく伸びる茎が美しくなるのでおすすめです（p.27参照）。

肥料やり

花後に与えるお礼肥と、休眠期に与える寒肥があります。それぞれ適期に適量を与えます。また、植え替えや植え付けした場合は、直後に施肥すると根を傷めるので、２週間以降に施します。

お礼肥（花後）

花をつけるためにはリン酸分の肥料が必要です。窒素分の肥料だけを与えて、それが過剰な場合、枝葉の伸びが強くなり、花は咲きづらくなります。小苗以外は、必ずリン酸分と窒素分の肥料を同量施すと花つきがよくなります。

【施肥量の１回分の目安】
花後１～1.5か月後
●鉢植え
（いずれも月にＩ度、計Ｉ～２回）
・５号鉢　5g
・６号鉢　10g
●庭植え（1回）
・５年生の株（挿し木）　50g

1　花後Ｉ～ 1.5 か月後に施す

お礼肥は有機質肥料でも化成肥料でもどちらでもよい。窒素分とリン酸分の肥料が同量になるようにする。

2　小苗の場合

株の生育を優先させるためには花を咲かせない方がよいので、小苗の場合は窒素分の肥料のみを施す。

寒肥（休眠期）

休眠期は肥料がゆっくりと効く時期で、春からの生育に備えるため、有機質肥料が望ましいです。この時期も成株は窒素分とリン酸分の肥料を同量に施し、小苗の場合は窒素分の肥料のみにしましょう。

【施肥量の１回分の目安】
12月下旬～2月上旬
●鉢植え
（いずれも２週間に一度、計２～３回）
・５号鉢　5g
・６号鉢　10g
●庭植え（1回）
・５年生の株（挿し木）　100g

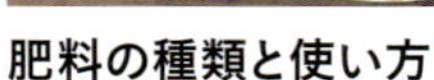

肥料の種類と使い方

油粕とバットグアノ（コウモリの糞が堆積して化石化した有機質肥料）を同量を混ぜて使う。

鉢植えの場合

鉢の大きさにより、1か所から3か所に分けて施す。

庭植えの場合

茎の外側（生育期に葉が茂っている部分よりやや外側）に株の大きさによって1か所から3か所に分けて施す。

病害虫対策

丈夫でそれほど病気や害虫の心配がいらないアジサイですが、それぞれ見つけたら早めに適切な対処をしましょう。

病気の特徴と対策

炭そ病	葉に紫褐色の斑点ができ、拡大して5㎜ほどの灰褐色の病斑になる。開花期から4-4式ボルドー合剤、TPN剤を月に数回散布。秋に落葉を集めて処分する。
うどんこ病	葉の一部に白い粉を振りかけたようなカビが発生、拡大し、葉面全体を覆う。毎年発生する場合は、キノキサリン剤（2000倍）、DPC剤（3000倍）を月に1～2回散布。秋に葉をすべて処分する。
さび病	5～6月、葉・葉柄の一部が淡緑化または緑白化し、膨らみ、そこから橙黄色の粉塊を出し、黄粉で覆われる。その後に展開する葉は健全で、夏以降は目立たなくなる。通常は防除するほどの病気ではない。

うどんこ病
カビが原因で発生するうどんこ病。症状が進行して葉の表面が白く覆われると光合成を阻害したり、栄養が不足したりして成長不良となるため、発見したら早めに対処すること。

うどんこ病に似た症状に見えるが、これはアオバハゴロモの幼虫が出す白い線状の分泌物。多発すると美観を損ねるだけでなく、排泄物がすす病の原因になる。少数ならガムテープなどで捕獲を。被害が広範囲の場合はスミチオン乳剤、ベニカ水溶剤、オルトラン水和剤などの散布が必要。

害虫の特徴と対策

コウモリガ	茎の下部に幼虫が穴をあけ侵入し食害する、いわゆるテッポウムシのこと。入ったものを放置しておくと、その茎は枯死することが多いが、全ての茎に入ることはほとんどない。幼虫の入っているところには穴が開き、虫の糞で袋状に固められているので、それを取り除き、穴に殺虫剤を詰め、ガムテープなどで覆う。
シロオビアカアシナガゾウムシ	アジサイチョッキリといわれる虫で、蕾の15cmくらい下の茎に穴をあけ産卵する。その後、卵の4～5cm上で茎を切る。山間部に多い害虫で、山間部以外ではそれほど目立たないが、放置していると増殖し、株を枯らす。効果はあまり期待できないが、産卵後に何度か殺虫剤を散布する。

コウモリガの幼虫
大きくなると50～80mmほどになり、枝の中に侵入して食害する。幼虫は雑草を食べて成長したところでアジサイの茎に侵入するので、周囲の雑草にも気をつける。

○その他の害虫

気温の上昇にともない、アブラムシやハダニが発生しやすくなる。アブラムシは新芽や葉の間に隠れて寄生するので、酢を原料とした薬剤を散布する。ハダニは葉の裏に付着して葉の養分を吸い取るため、水で洗い流すなどして駆除する。

アジサイを きれいに 咲かせるための Q&A

日本の気候に合い、育てやすいアジサイ。
もっと元気に育て、
美しく咲かせるための質問にお答えします。

完全に花がら切りが遅れた株（写真上）。適期に行うことがポイント

Q1 花が咲かなく なりました

A おもに4つの理由が考えられます

1. 花がら切りが遅れた

アジサイの花がら切り（花後の剪定）は、他の多くの植物とは異なり、種をつけないために行うのではなく、来年の花芽をつける新しい茎を出すために行います。切ると新しい茎が伸びますが、遅くなると花芽分化（10月）までに芽が充実しないので花芽になりません。花が終わりしだい行うのが適切ですが、遅くともヤマアジサイでは6月いっぱい、ガクアジサイでは7月いっぱいまでに行いましょう。

2. 購入して2年めの株の場合

販売されている株は、矮化剤というホルモン剤を使って作られていることがほとんどです。花つきが非常によくなり、たくさん花がついた状態に調整されています。そういった苗は数年矮化剤が抜けないことがあるため、翌年は花つきが悪くなります。同様に用土が培養土で作られることも多く、そのままでは枯死してしまうことが多々あります。購入後に早めに植え替えて、自宅の環境に慣らしていけば、3年め以降は花つきがよくなります。

3. 冬に乾燥した寒風に当たった

アジサイは冬季に乾いた寒風に当たると、上部から枯れてきます。アジサイの花芽は茎の頂部につくので、その花芽が枯れてしまいます。庭植えの場合は冬の乾寒風を避けられる場所（塀や家の脇、樹木の下など）に植栽したり、鉢植えのものは、風が当たらない軒下や、暖房の入っていない室内など、場所を移動させるとよいでしょう。

4. 日当たりが悪い

アジサイは日陰の植物のイメージですが、ガクアジサイは日当たりのよい場所に、ヤマアジサイは半日陰に自生しています。もちろん両方ともかなりの日陰にも耐え、植栽はできますが、あまり暗いと花芽分化はできないので、花芽はつかなくなります。

Q2 アジサイが大きくなりすぎて困っています

A すべての枝を短く切る方法がおすすめです

アジサイは、すべての茎を短く切り詰めることができます。すべてを切ると枯れる心配をする人は多く、例えば20本の株なら5本だけ短く切る場合が多いでしょう。しかし、大きく育ちすぎている場合はこの時に20本すべてを切らないと、切らない茎に水や養分が上がるので、切った茎は萌芽せず、枯れてしまうことが多く見られます。ですので思い切ってすべてを切ることが大切です。ただこの切り方では、次年の花はあまり期待できないことを知っておきましょう。そして2年めには、その時に伸びる茎の一番下の葉の上で休眠期の剪定の時期に切ることも忘れてはいけません。

大きくなりすぎた場合は、株元近くの節の上で枝をすべて切る。翌年には枝が長く伸びるが花はつかず、その翌年に花が咲く。

Q4 猛暑続きで葉がしおれてきました

A 特に鉢植えは水切れに注意を。定期的な植え替えも必要です

アジサイは葉が大きいため、葉からの水分の蒸散量が多いので、水切れすると葉がしおれてしまいます。特に鉢植えでは水切れは重要なポイントになります。また、根が回っていると水を吸収するのにかなり時間がかかるため、大量の水をやらないとあまり効果はありません。過剰な根の回りを防ぐためにも最低でも2年に1度は植え替えをしましょう。朝夕に水やりするものと考えがちですが、特に暑い場合、それは間違いです。植物は夕方まで待てないので、日中でも与えないと枯死してしまいます。

Q3 ピンク色だったアジサイが青くなってしまいました

A 土壌の酸度を調整します

ピンクや赤になるのは、土壌がアルカリ性の時ですが、日本の土壌は弱酸性から酸性のため、青系のアジサイが多くなります。人工的に色を変える時は、かなり強いアルカリ性、あるいは酸性のもので土壌改良を行う必要があります。残念ながら弱いとあまり効果はありません。またアルカリ性にする場合は、土中にアルミニウムの成分が十分あることが必要です。単に土壌のpHだけでは花色は変わりません。庭植えの場合、降雨によって成分が流れてしまうので、鉢植えのほうがコントロールはしやすいでしょう。

日当たりによって色が変化するものもある（トーマス ホッグ）

Q5 雪が多い地方ですが、庭植えできますか？

A 庭では寒風よけの活用を。鉢植えもおすすめ

雪が積もる所では雪が乾寒風を防いでくれるので、まったく心配いりません。雪が降っても積もらない地方では、乾寒風により、茎の上部から枯れてしまうので、寒風除けは必ず行います。鉢植えは移動もできるので寒冷地でもおすすめですが、雪で覆われる期間は水分が不足しないように、水やりに注意が必要です。

寒冷紗を使った寒風よけをする。株の周囲に株より高い支柱を3〜4本立て、周囲に寒冷紗を巻いて、ひもで固定する

column 2

香る魅惑のカシワバアジサイ

**アジサイには香りがないと思われる人も多いかもしれません。
実際に、香る品種は多くはないのですが、一部のアジサイには芳香があります。
香りのある品種を育ててみるのもよいでしょう。**

三大芳香花木というと、ジンチョウゲ、クチナシ、キンモクセイがありますが、バラ、オガタマの仲間など、香りを楽しむ花木は他にもたくさんあります。アジサイにも香りがある品種が存在することがほとんど知られていないことは寂しいものです。

ガクウツギ、コガクウツギには多くの品種に芳香があります。

また、アメリカアジサイの品種にもよい香りがするものがあり、それがカシワバアジサイです。カシワバアジサイの一重の品種にはかなり芳香があります。以前はバックポーチが代表だと認識されていましたが、ドクターダーに芳香があったことに始まり、アプローズ、ジョン ウェインなど、調査すればまだまだ出てくるでしょう。芳香のあるアジサイは、アジサイの楽しみをさらに増すことになるでしょう。

バック ポーチ

アプローズ

ドクターダー

ジョン ウェイン

Part 2

育てたい品種が見つかる

アジサイ図鑑

品種によって、さまざまな色や形を楽しめるのがアジサイの魅力。
系統や品種に合った育て方をおさえておきましょう。

※ここでは品種改良された園芸種でも、系統の特徴にもとづいて分類・紹介しています。
また、品種名の前後につけられる「'」「'」は省略しています。

〈 図鑑の見方 〉

ガクアジサイ ❶

てまりてまり ❷

アジサイ科(ユキノシタ科)アジサイ属 ❸

❹

花期	6月下旬～7月中旬
樹高	1～1.5m
日照	日なた～半日陰
耐寒性	強い
耐暑性	ふつう
水分	やや湿潤

❺ 小さな八重の装飾花がたくさん集まった大輪は、とてもかわいらしい。このようなてまり咲きの品種が増えている。装飾花は淡い色合いの青からピンク色まで流通。花もちがとてもよく長く楽しめるが、翌年の花のため剪定時期には注意。

❶ **系統名**：おもなアジサイの系統。
❷ **品種名**：一般的に流通している品種の名前。正式な品種名とは異なる場合があります。
❸ **科名・属名・分類**：その品種の科名、属名、分類。
❹ **データ**：その品種の花期、樹高、適した日照、耐寒性、耐暑性、適した水分量。
❺ **おもな特徴や育て方のポイントなど**：花色などの品種の特徴は、土壌酸度などの環境によって変化する場合もあります。

てまりてまり

アジサイ科(ユキノシタ科)アジサイ属

花期	6月下旬〜7月中旬
樹高	1〜1.5m
日照	日なた〜半日陰
耐寒性	強い
耐暑性	ふつう
水分	やや湿潤

小さな八重の装飾花がたくさん集まった大輪は、とてもかわいらしい。このようなてまり咲きの品種が増えている。装飾花は淡い色合いの青からピンク色まで流通。花もちがとてもよく長く楽しめるが、翌年の花のため剪定時期には注意。

モナリザ

アジサイ科(ユキノシタ科)アジサイ属

花期	6月〜7月
樹高	0.5〜1.5m
日照	日なた〜半日陰
耐寒性	強い
耐暑性	強い
水分	やや湿潤

てまり咲きで、萼片に細かい切れ込みが入り、平らに開ききらない動きのある装飾花が特徴。白が縁取る覆輪で、土壌の酸度により色変わりするため、花色により名前にブルー、ピンクがついて出回る。冬の寒さにしっかり当てると、覆輪がはっきり発色する。

最高の晩餐

アジサイ科（ユキノシタ科）アジサイ属

花期	6月～7月中旬
樹高	0.5～1m
日照	日なた～半日陰
耐寒性	強い
耐暑性	強い
水分	やや湿潤

八重のガク咲き。萼片はゆるやかにウエーブしながら優雅に広がり、大きな装飾花は存在感がある。咲き始めの花色は淡いクリーム色で、咲き進むにつれて、紫色～ピンク色の範囲で濃くなる。

K.Kawarada

ナデシコ咲き

アジサイ科（ユキノシタ科）アジサイ属

花期	6月～7月中旬
樹高	0.8～1.5m
日照	日なた～半日陰
耐寒性	強い
耐暑性	強い
水分	やや湿潤

一重のてまり咲きで、花房は大型。弁端が切れ込む鋸歯があり、ナデシコの花びらのよう。江戸時代から栽培されている古い品種。

花火

アジサイ科（ユキノシタ科）アジサイ属

花期	6月〜7月中旬（9月の場合あり）
樹高	1〜2m
日照	日なた〜半日陰
耐寒性	強い
耐暑性	強い
水分	やや湿潤

ガクアジサイ系の代表的な品種。山本武臣氏が神奈川県横浜市の知人邸で発見して命名。八重のガク咲きで、装飾花は白。萼片の先が尖り、花柄が長く、まさに夜空に打ち上がった花火のよう。一般に隅田（墨田）の花火の名で流通する。花後に切り戻すと、条件によって秋にも開花する。

雷王（らいおう）

アジサイ科（ユキノシタ科）アジサイ属

花期	6月〜7月中旬
樹高	0.8〜1.5m
日照	日なた〜半日陰
耐寒性	強い
耐暑性	強い
水分	やや湿潤

濃い桃色のてまり咲き。八重咲きの装飾花は大型でしっかりしている。花全体が房咲きバラのように見える、華やかで豪華な品種。茎が太く丈夫で育てやすい。

ガクアジサイ

アジサイ科(ユキノシタ科)アジサイ属

花期	6月〜7月
樹高	1.5〜3m
日照	日なた〜半日陰
耐寒性	強い
耐暑性	強い
水分	やや湿潤

アジサイ属の基本となる種。アジサイといえばてまり咲きを連想しがちだが、ガク咲きが基本。中央の両性花を装飾花が囲む。小さな両性花を装飾花が額縁のように囲んで咲く姿や、ガクが目立つことが名前の由来とされている。よく似た園芸種が多数ある。

撫子(なでしこ)ガクアジサイ

アジサイ科(ユキノシタ科)アジサイ属

花期	6月〜7月中旬
樹高	1.5〜2m
日照	日なた〜半日陰
耐寒性	強い
耐暑性	強い
水分	やや湿潤

装飾花の萼片には、ナデシコの花びらのようなギザギザした鋸歯があることが名前の由来。ガク咲きで、花房は大型。花色は時間の経過とともに変化し、葉はやや細長い。東伊豆で発見された。

アジサイ（ホンアジサイ）

アジサイ科（ユキノシタ科）アジサイ属

花期
6月中旬～7月下旬
樹高
1.5～2.5m
日照
日なた～半日陰
耐寒性
強い
耐暑性
強い
水分
やや湿潤

ガクアジサイの変種。両性花が装飾花に変化した、てまり咲きで、丸みのある花房はボリュームがある。装飾花は青、紅紫、白など咲き進むと色変わりする。

月うさぎ

アジサイ科（ユキノシタ科）アジサイ属

花期
6月中旬～7月中旬
樹高
0.5～1.5m
日照
日なた
耐寒性
強い
耐暑性
強い
水分
やや湿潤

咲き始めはガク咲き。八重咲きの装飾花は躍るように咲き、やがて両性花も開いて豪華に。花色は淡い緑と白。花後に切り戻すと夏～秋に再度開花する。

ウズアジサイ

アジサイ科（ユキノシタ科）アジサイ属

花期
6月中旬～7月下旬
樹高
1.5～2m
日照
日なた～半日陰
耐寒性
強い
耐暑性
強い
水分
やや湿潤

小ぶりな一重のてまり咲き。萼片の縁が内側に巻き込む形がフクマメを連想させ、オタフクアジサイとも呼ばれる。ピンク色のものは梅花咲きという。

三河千鳥（みかわちどり）（天竜千鳥）

アジサイ科（ユキノシタ科）アジサイ属

花期
6月～7月中旬
樹高
0.5～1.2m
日照
やや半日陰～半日陰
耐寒性
強い
耐暑性
強い
水分
やや湿潤

細かい装飾花と、通常より大きな両性花が花房を構成。両性花が突出して、丸いてまり状に変化。咲き進んだ姿が千鳥を連想させることが名の由来。

衣純千織（いずみちおり）

アジサイ科（ユキノシタ科）アジサイ属

花期
6月～7月中旬
樹高
0.5～1.5m
日照
日なた～半日陰
耐寒性
強い
耐暑性
強い
水分
やや湿潤

八重咲きの装飾花は、白と紫やピンクのマーブル模様。両性花は緑色の蕾から、やがて同じように小さな絞りの花になり、ガク咲きから半てまり咲きに変わる。

桜花乱舞（おうからんぶ）

アジサイ科（ユキノシタ科）アジサイ属

花期
6月～7月中旬
樹高
1～1.5m
日照
日なた～半日陰
耐寒性
強い
耐暑性
強い
水分
やや湿潤

ガク咲きの大輪品種。装飾花は八重咲きで萼片は楕円形。咲き進むと中央の小さな両性花も開いて、大小両方の花が楽しめる。土壌のpHで色が変化しやすい。

カーリーウーリー

アジサイ科（ユキノシタ科）アジサイ属

花期
6月～7月中旬
樹高
0.5～1m
日照
日なた～半日陰
耐寒性
強い
耐暑性
強い
水分
やや湿潤

華やかなてまり咲き。丸みがあり、内側にカールする萼片が特徴。アルカリ用土では赤色に咲き、個性的な色合い。花色を保つにはアルカリ性をキープする。

クイーンズブラック

アジサイ科（ユキノシタ科）アジサイ属

花期
6月～7月中旬
樹高
0.5～1.5m
日照
日なた～半日陰
耐寒性
強い
耐暑性
強い
水分
やや湿潤

大きな萼片が一重の豪華なてまり咲き。濃い紫色がアンティークカラーに変化して、最後は黒に近い色合いが楽しめる。翌年の花つきのために花がら切りを確実に。

幻月(げんげつ)

アジサイ科(ユキノシタ科)アジサイ属

花期
6月〜7月中旬
樹高
0.5〜1.5m
日照
日なた〜半日陰
耐寒性
強い
耐暑性
強い
水分
やや湿潤

装飾花は大型の八重咲きで、花弁の先がとがる形状が独特のガクアジサイ。色は濃い青から赤紫に変化する、華やかな品種。

古代紫(こだいむらさき)

アジサイ科(ユキノシタ科)アジサイ属

花期
6月〜7月中旬
樹高
1〜1.5m
日照
日なた〜半日陰
耐寒性
強い
耐暑性
強い
水分
やや湿潤

てまり咲きで、一重の装飾花は青または紫色。つけ根は白く、萼片同士は重ならない。別名は大和アジサイ。静岡県の伊豆半島東海岸で発見された。

獅子王(ししおう)

アジサイ科(ユキノシタ科)アジサイ属

花期
6月〜7月中旬
樹高
0.5〜1.5m
日照
日なた〜半日陰
耐寒性
強い
耐暑性
強い
水分
やや湿潤

ガク咲きで、装飾花は八重。細い萼片が外側へカールする形が個性的。土壌酸度などの条件で青やピンクの花色が出回り、白が入る複色。花もちがよい。

ジャパーニュミカコ

アジサイ科(ユキノシタ科)アジサイ属

花期
5月下旬〜7月上旬
樹高
0.5〜1.5m
日照
日なた〜半日陰
耐寒性
強い
耐暑性
強い
水分
やや湿潤

さまざまな品種のもとになった、清澄沢に由来する品種から育成された。一重のてまり咲きで、淡いピンクをシックな赤色が縁取る覆輪。

城ケ崎（じょうがさき）

アジサイ科（ユキノシタ科）アジサイ属

花期
6月中旬～7月中旬
樹高
1～1.5m
日照
日なた～半日陰
耐寒性
強い
耐暑性
強い
水分
やや湿潤

ガク咲きで装飾花は八重。大型で花色は酸性土壌で青、アルカリ性でピンク色、萼片に縞模様が入る。伊豆半島分布の自生種で多くの品種のもとになった。

朱雀（すざく）

アジサイ科（ユキノシタ科）アジサイ属

花期
6月～7月中旬
樹高
0.5～1m
日照
日なた～半日陰
耐寒性
強い
耐暑性
強い
水分
やや湿潤

朱雀は大きな翼を持つ中国の伝説上の鳥。萼片が大きく反り返って迫力があり、鳥が力強く躍るかのよう。八重のガク咲きで、装飾花、両性花ともに青い。

石化八重（せっかやえ）

アジサイ科（ユキノシタ科）アジサイ属

花期
6月中旬～7月中旬
樹高
1.5～2m
日照
日なた～半日陰
耐寒性
強い
耐暑性
強い
水分
やや湿潤

花や茎が帯状になる石化、または帯化した品種。帯化八重、十二単衣の名前で江戸時代から栽培されてきた。八重のてまり咲きで、花房は楕円状になる。

ダブルダッチゴーダホワイト

アジサイ科（ユキノシタ科）アジサイ属

花期
6月～7月中旬
樹高
0.8～1.2m
日照
日なた～半日陰
耐寒性
強い
耐暑性
強い
水分
やや湿潤

萼片が幾重にも重なる八重咲き。ゴージャスなてまり咲きで、花もちもよい。満開の花色はホワイトクリーム色。咲き進むとヴィンテージカラーに変化する。

ハワイアンブルー

アジサイ科(ユキノシタ科)アジサイ属

花期	6月〜7月中旬
樹高	0.8〜1.2m
日照	日なた〜半日陰
耐寒性	強い
耐暑性	強い
水分	やや湿潤

青がきれいなてまり咲き。酸性土壌に植えると、より鮮やかな青さを見せる。咲き進むと徐々に色が抜けて、アンティークカラーに変化する。

華あられ

アジサイ科(ユキノシタ科)アジサイ属

花期	6月〜7月中旬
樹高	0.5〜1.5m
日照	日なた〜半日陰
耐寒性	強い
耐暑性	強い
水分	やや湿潤

萼片が内側に巻き込む、ウズアジサイ(p.42)タイプのてまり咲き。装飾花は小ぶりな一重咲きでかわいらしい。咲き始めの淡い色はやがて濃くなる。

ダンスパーティー、ダンスパーティーハッピー

アジサイ科(ユキノシタ科)アジサイ属

花期	6月〜7月中旬
樹高	0.8〜2m
日照	日なた〜半日陰
耐寒性	強い
耐暑性	強い
水分	やや湿潤

ガク咲きで、装飾花は八重。細い萼片がひらひらと踊る装飾花はとても華やか。花房の大きさは10〜20cm。アルカリ性土壌ではピンク色に、酸性土壌は淡いブルー、または紫色になる。ダンスパーティーハッピーはダンスパーティーの枝変わりで、花色がより濃い。

ブラックダイヤモンド

アジサイ科（ユキノシタ科）アジサイ属

花期	6月～7月中旬
樹高	0.5～1.5m
日照	日なた～半日陰
耐寒性	強い
耐暑性	強い
水分	やや湿潤

咲き始めは鮮やかなピンクで、咲き進むとシックな濃い色合いになる。黒っぽい色の葉も特徴で、花色とのコントラストが鮮やかで美しい。一重のガク咲きで、萼片が重なり合うようにつく。

もこもこたん

アジサイ科（ユキノシタ科）アジサイ属

K.Kawarada

花期	6月～7月中旬
樹高	0.8～1m
日照	日なた～半日陰
耐寒性	強い
耐暑性	強い
水分	やや湿潤

装飾花は大きさが不揃いな八重で、重なり合うように集まるてまり咲き。もこもこした可憐な印象から名がつけられた。ピンク色と青色が出回る。

ルーリィ

アジサイ科（ユキノシタ科）アジサイ属

Y.H

花期	6月～7月中旬
樹高	0.5～1.5m
日照	日なた～半日陰
耐寒性	強い
耐暑性	強い
水分	やや湿潤

ガク咲きで、八重咲きの大きな装飾花が星形に開く。花色は濃い青から紫色。花数は多くないものの、存在感がある。

トーマス ホッグ

アジサイ科（ユキノシタ科）アジサイ属

K.Kawarada

花期
6月〜7月中旬
樹高
0.8〜1.5m
日照
日なた〜半日陰
耐寒性
強い
耐暑性
強い
水分
やや湿潤

古くから庭木にされていた在来種。一重のてまり咲きで白から赤に変化する。名前は明治時代初期に日本に滞在したアメリカの外交官トーマス ホッグに由来。

セリーナ

アジサイ科（ユキノシタ科）アジサイ属

K.Kawarada

花期
6月〜7月中旬
樹高
0.8〜1.2m
日照
日なた〜半日陰
耐寒性
強い
耐暑性
強い
水分
やや湿潤

装飾花は丸みを帯びて、先がとがる独特の形状。美しいピンク色で、両性花は青のガク咲き。

K.Kawarada

ごきげんよう

アジサイ科（ユキノシタ科）アジサイ属

花期	6月〜7月中旬
樹高	0.8〜1.2m
日照	日なた〜半日陰
耐寒性	強い
耐暑性	強い
水分	やや湿潤

小ぶりなてまり咲きは、八重咲きの装飾花をぎっしり咲かせる。てまりてまり（p.38）に似て、印象はより豪華。やがて緑色を含むアンティークカラーに染まる。

泉鳥（いずみどり）

アジサイ科（ユキノシタ科）アジサイ属

花期	6月～7月中旬
樹高	1～1.5m
日照	日なた～半日陰
耐寒性	強い
耐暑性	強い
水分	やや湿潤

大きな八重のガク咲き。装飾花はさながら湖畔を泳ぐ白鳥のような風情。優雅な雰囲気を漂わせる。装飾花は淡いすっきりした水色で、その奥の青い両性花が泉を連想させる。花色はピンク系になりにくい。

大島緑花（おおしまりょっか）

アジサイ科（ユキノシタ科）アジサイ属

花期	6月～7月中旬
樹高	0.8～1.2m
日照	日なた～半日陰
耐寒性	強い
耐暑性	強い
水分	やや湿潤

一重のガク咲きで、緑色の装飾花は咲き進むと中心が白くなり、やがて白い筋が入る。つぶつぶした濃緑色の両性花は開くと青に変わり、咲き進むに連れて複雑な色合いになる。伊豆大島で発見された。

ピンキーリング

アジサイ科（ユキノシタ科）アジサイ属

花期	6月〜7月中旬
樹高	0.5〜1m
日照	日なた〜半日陰
耐寒性	強い
耐暑性	強い
水分	やや湿潤

八重咲きの装飾花は、白地に濃い赤が縁取る覆輪。咲き始めはガク咲きで、満開になると装飾花に加え、両性花も咲いて、てまり咲きのようにボリュームアップ。厚みのある装飾花はそのままヴィンテージカラーになるが、花後剪定の時期を逸すると翌年の開花に影響するので注意。ジャパンフラワーセレクション2019-2020の入賞品種。

ありがとう

アジサイ科（ユキノシタ科）アジサイ属

花期	6月〜7月
樹高	0.8〜1.5m
日照	日なた〜半日陰
耐寒性	強い
耐暑性	ふつう
水分	やや湿潤

装飾花は一重のてまり咲きで、土の酸度によってピンク、紫、青と変化。発色のよさと、白が縁取る覆輪が際立つ色合い。株の成長が早く、花つきもよく、枝が太くしっかりしていて丈夫。

ひな祭り、ひな祭りルナ

アジサイ科(ユキノシタ科)アジサイ属

花期	6月	耐寒性	やや弱い
樹高	1〜1.5m	耐暑性	強い
日照	日なた〜半日陰	水分	やや湿潤

八重咲きの装飾花は、白地に濃い色が縁取る覆輪。土壌の酸度により、ピンク色と紫色が出回る。両性花を包むように装飾花が立ち上がって咲き、てまり咲きに似た半てまり咲きになる。ルナ(写真上)はてまり咲き。

レイ

アジサイ科(ユキノシタ科)アジサイ属

花期	6月〜7月中旬
樹高	0.5〜1.5m
日照	日なた〜半日陰
耐寒性	強い
耐暑性	強い
水分	やや湿潤

八重のガク咲きで、装飾花は色鮮やかな覆輪。シャープな星形が印象的。土壌の酸性度によって、白地をブルーやピンク色が縁取る。しだいに淡いピンク系、写真のような淡いブルー系の花色に変化し、両性花も色づき、色と形の変化が楽しめる。

レモンキス

アジサイ科(ユキノシタ科)アジサイ属

花期	6月〜7月中旬
樹高	0.6〜1m
日照	日なた〜半日陰
耐寒性	強い
耐暑性	強い
水分	やや湿潤

爽やかな色合いのてまり咲き。咲き始めはフレッシュな黄緑色で、色づくと淡いブルーとライムグリーンのグラデーションを描き、一房ごと異なる色合いになる。鋸歯がある萼片は厚みがあり、花もちがよく、アンティークカラーになるまで楽しめる。翌年の花のために剪定時期には注意を。枝は丈夫でよく分枝して花数が多い。

恋愛物語

アジサイ科(ユキノシタ科)
アジサイ属

花期	6月〜7月中旬
樹高	0.5〜1.5m
日照	日なた
耐寒性	強い
耐暑性	強い
水分	やや湿潤

八重のてまり咲きで、丸弁の装飾花を豪華につける。花色は中心が濃く、外側が淡くなるグラデーション。土壌の酸度によって、花色はブルー系、ピンク系に色づく。

黄金葉(おうごんば)

アジサイ科(ユキノシタ科)
アジサイ属

花期	6月〜7月中旬
樹高	0.5〜1m
日照	日なた
耐寒性	強い
耐暑性	強い
水分	やや湿潤

光輝くような黄金葉の品種。西日の当たらない半日陰で管理すると葉色が冴え、ゆっくり褪色して7月ごろまで美しい。花は一重のてまり咲きで、クリーム色から薄紫色、薄いピンクに変化する。

ディープパープル

アジサイ科(ユキノシタ科)
アジサイ属

花期	6月〜7月中旬
樹高	0.5〜1.2m
日照	日なた
耐寒性	強い
耐暑性	強い
水分	やや湿潤

シックな花色、マットな質感が特徴。一重のてまり咲きで、インパクトのある深い紫色は土壌の酸度によって、青紫色、赤紫色に咲く。萼片は厚みがあり、花もちがよく、ヴィンテージカラーも楽しめる。コンパクトながらよく分枝して花がつき、茎は太くて丈夫。2016-2017年ジャパンフラワーセレクションの受賞品種。

ダンスウィングエンジェル

アジサイ科（ユキノシタ科）
アジサイ属

花期	6月〜7月中旬
樹高	0.8〜1.2m
日照	日なた〜半日陰
耐寒性	強い
耐暑性	強い
水分	やや湿潤

淡いピンクと濃いピンクの絞りが華やかな色合いで、花がよく咲く。一重のてまり咲きで、萼片にはギザギザした鋸歯がある。別名は旭の舞姫（アサヒノマイヒメ）。

ロイヤルピンク／ブルー

アジサイ科（ユキノシタ科）
アジサイ属

花期	6月〜7月中旬
樹高	0.8〜1.2m
日照	日なた〜半日陰
耐寒性	強い
耐暑性	強い
水分	やや湿潤

一重のガク咲き。丸弁の大きな装飾花、両性花も色鮮やかなピンクとブルーで印象的。

ホベラ

アジサイ科（ユキノシタ科）
アジサイ属

花期	6月〜7月中旬
樹高	0.8〜1m
日照	日なた〜半日陰
耐寒性	強い
耐暑性	強い
水分	やや湿潤

ホバリアシリーズ、別名ホバリア・ホベラ。ピンクの大輪のガク咲き。花の終わりの緑花から赤花になる様子が美しいのでカメレオンアジサイ、秋色アジサイとも呼ばれる。このピンク色は土壌のpHによって変化しない。

深山八重紫（みやまやえむらさき）

アジサイ科（ユキノシタ科）アジサイ属

花期	6月中旬
樹高	0.5〜1m
日照	日なた〜半日陰
耐寒性	強い
耐暑性	強い
水分	やや湿潤

京都府美山町の山林で発見された品種。ガク咲きで、装飾花は青紫色の八重。茎は細く、葉柄が赤い。エゾアジサイの一種という説もある。土壌によって青、紫色、赤紫色など色幅があり、ピンク色は、花笠（はながさ）とも呼ばれる。

紫水晶（むらさきすいしょう）

アジサイ科（ユキノシタ科）アジサイ属

花期	6月
樹高	0.5〜1.2m
日照	日なた〜半日陰
耐寒性	強い
耐暑性	強い
水分	やや湿潤

濃色の青〜青紫色の花色が美しく、水晶を連想させるヤマアジサイ。花色と葉の緑色とのコントラストが印象的。一重のガク咲きで、葉に斑が入ることがある。両性花も青い。

星の雫（ほしのしずく）

アジサイ科（ユキノシタ科）アジサイ属

花期	6月
樹高	0.8〜1.2m
日照	日なた〜半日陰
耐寒性	強い
耐暑性	強い
水分	やや湿潤

青紫色の萼片に、星のような小さな白い斑点をちりばめるガク咲き。ヤマアジサイの風情とマッチして、まるで星空を見るように幻想的。

べにてまり

アジサイ科（ユキノシタ科）アジサイ属

花期	6月
樹高	0.5〜1m
日照	日なた〜半日陰
耐寒性	強い
耐暑性	強い
水分	やや湿潤

日当たりのよい場所では装飾花が白から赤に色変わりするてまり咲き。江戸時代から知られる品種だが、昭和時代に長野で再度発見された。

舞姫（まいひめ）

アジサイ科（ユキノシタ科）アジサイ属

花期	6月
樹高	0.5〜1.5m
日照	日なた〜半日陰
耐寒性	強い
耐暑性	強い
水分	やや湿潤

一重のてまり咲きで、薄いピンク色に濃いピンクの斑が入る独特な色合い。絞り咲きの特性として、咲き進むにつれてアンティークな色合いに変化する。

津江の緑澄(つえのみどりずみ)

アジサイ科(ユキノシタ科)アジサイ属

花期	6月
樹高	0.5～0.8m
日照	日なた～半日陰
耐寒性	強い
耐暑性	強い
水分	やや湿潤

装飾花は濃い緑色で大きく、両性花は青色をした、ガク咲きのヤマアジサイ。緑色の花は希少でマニア好み。現在の緑花の品種ではもっとも美しいとされている。福岡県産。

桃色サワアジサイ

アジサイ科(ユキノシタ科)アジサイ属

花期	6月
樹高	0.5～0.8m
日照	日なた～半日陰
耐寒性	強い
耐暑性	強い
水分	やや湿潤

一重のガク咲きで、装飾花はかわいらしいピンク色。ピンク系のヤマアジサイでは、唯一色合いが安定している。土壌の成分や日当たりの影響を受けない。枝垂かかるような、やわらかな樹形が優雅な印象。桃色山アジサイとも呼ばれる。

伊予の十字星

アジサイ科（ユキノシタ科）アジサイ属

K.Kawarada

花期
6月
樹高
0.8～1.2m
日照
日なた～半日陰
耐寒性
強い
耐暑性
強い
水分
やや湿潤

小輪のガク咲き。一重咲きで十字架のような形をした装飾花が特徴。萼片の縁の鋸歯が大きい。花色は淡い紫色。愛媛県原産。

クレナイ

アジサイ科（ユキノシタ科）アジサイ属

K.Kawarada

花期
6月
樹高
0.8～1.2m
日照
日なた～半日陰
耐寒性
強い
耐暑性
強い
水分
やや湿潤

アジサイの仲間で一番赤いといわれ、長野県で発見された品種。ガク咲きで咲き始めの装飾花は白く、日に当たるほど赤く変化し、日陰では白いままとなる。

てってまり

アジサイ科（ユキノシタ科）アジサイ属

K.Kawarada

花期
6月
樹高
0.8～1.2m
日照
日なた～半日陰
耐寒性
強い
耐暑性
強い
水分
やや湿潤

てまり咲きの小ぶりな花房を株全体に咲かせ、濃淡が楽しめる。「ててて」とは、埼玉県北部の方言で、驚いた時や素敵なものに出合ったときに使う言葉。

萌黄（もえぎ）

アジサイ科（ユキノシタ科）アジサイ属

K.Kawarada

花期
6月
樹高
0.8～1.5m
日照
日なた～半日陰
耐寒性
強い
耐暑性
強い
水分
やや湿潤

丸弁の装飾花は可愛らしい白で、両性花が青のガク咲き。咲き始めは淡いクリーム色を帯びているが徐々に変化する。

茜雲（あかねぐも）

アジサイ科（ユキノシタ科）アジサイ属

花期	
6月	

花期	6月
樹高	0.3～0.6m
日照	日なた～半日陰
耐寒性	強い
耐暑性	強い
水分	やや湿潤

5～7cmの小房がたくさんつくてまり咲き。茜色の雲を連想させる紅色で、淡い色からしだいに濃くなり、花色の変化が楽しめる。島根県オリジナル品種。

黒姫

アジサイ科（ユキノシタ科）アジサイ属

花期	6月
樹高	1～1.5m
日照	日なた～半日陰
耐寒性	強い
耐暑性	強い
水分	やや湿潤

一重のガク咲き。両性花は青紫色で装飾花は濃紫色。葉や茎は黒みを帯びる。奈良県の万葉植物園に植えられていた品種で、ヤマアジサイ人気の先駆けになった。

菊咲き這い（きくざきはい）

アジサイ科（ユキノシタ科）アジサイ属

花期	6月
樹高	0.5～1m
日照	日なた～半日陰
耐寒性	強い
耐暑性	強い
水分	やや湿潤

ガク咲きで、八重の装飾花の下側に小さな八重の装飾花がつく（別名：子持七段花）。淡い花色で、土壌の酸度によって花色は異なる。鳥取県で発見された。

伊予獅子手毬（いよじしてまり）

アジサイ科（ユキノシタ科）アジサイ属

花期
6月
樹高
0.3〜0.6m
日照
日なた〜半日陰
耐寒性
強い
耐暑性
強い
水分
やや湿潤

小さなてまり咲きの人気品種。一重咲きの花房は7cm前後。装飾花が重なり合うようにたくさん咲き、淡い花色は土壌の酸度によって変わる。自生地は四国。

白扇（はくせん）

アジサイ科（ユキノシタ科）アジサイ属

花期
6月
樹高
0.5〜0.8m
日照
日なた〜半日陰
耐寒性
強い
耐暑性
強い
水分
やや湿潤

小さな花房の一重咲き。純白の清楚なてまり咲きで、咲き進んで緑色に変化した色合いも美しい。愛知県で発見された。

日向紅（ひゅうがべに）

アジサイ科（ユキノシタ科）アジサイ属

K.Kawarada

花期
6月
樹高
0.8〜1.2m
日照
日なた〜半日陰
耐寒性
強い
耐暑性
強い
水分
やや湿潤

名前のとおり、宮崎県の自生地では咲き始めから濃い赤色になる。土壌のpHで写真のような見事な藍色になる。ヒュウガアジサイに分類されることもある。

屋久島コンテリギ

アジサイ科（ユキノシタ科）アジサイ属

花期
5下旬〜6月
樹高
0.5〜1m
日照
日なた〜半日陰
耐寒性
強い
耐暑性
強い
水分
やや湿潤

屋久島に自生する日本固有種で、アジサイの仲間。一重のガク咲きで、小さな両性花を囲み、可憐な白い装飾花が数個ずつつく。別名ヤクシマアジサイ。

伊予紫紅（いよしこう）

アジサイ科（ユキノシタ科）アジサイ属

花期	6月
樹高	0.8～1.2m
日照	日なた～半日陰
耐寒性	強い
耐暑性	強い
水分	やや湿潤

装飾花は小輪で濃い赤紫色。ガク咲きのヤマアジサイで、葉の緑色も冴えてとても美しい。

池の蝶（いけのちょう）

アジサイ科（ユキノシタ科）アジサイ属

花期	6月
樹高	0.5～0.8m
日照	日なた～半日陰
耐寒性	強い
耐暑性	強い
水分	やや湿潤

一重のガク咲きで、萼片の一部が合着したり、離れたりする「蝶咲き」と言われる咲き方が特徴。まるで蝶が飛んでいるように見える。装飾花、両性花ともに白色が特徴。高知県産。

天城甘茶（あまぎあまちゃ）

アジサイ科（ユキノシタ科）アジサイ属

K.Kawarada

花期
6月
樹高
0.8〜1.2m
日照
日なた〜半日陰
耐寒性
強い
耐暑性
強い
水分
やや湿潤

一重のガク咲きで、装飾花と両性花はともに白。葉はとても細く独特な形。伊豆半島の天城峠付近に自生。牧野富太郎氏によって名づけられた。

白甘茶（しろあまちゃ）

アジサイ科（ユキノシタ科）アジサイ属

Y.H

花期
6月
樹高
0.8〜1.2m
日照
日なた〜半日陰
耐寒性
強い
耐暑性
強い
水分
やや湿潤

一重のガク咲き。白い装飾花は萼片の先が尖り、萼片同士が重なる。両性花は青。甘茶の名が付く品種は葉に甘みがあり、4月8日の灌仏会に用いる。

斑入り甘茶（ふいりあまちゃ）

アジサイ科（ユキノシタ科）アジサイ属

K.Kawarada

花期
6月
樹高
0.8〜1.2m
日照
日なた〜半日陰
耐寒性
強い
耐暑性
強い
水分
やや湿潤

葉と花に斑が入る品種。一重のガク咲きで、咲き始めの装飾花は白く、徐々にピンク色になり、やがて赤に近い色合いに変化する。

八重甘茶（やえあまちゃ）

アジサイ科（ユキノシタ科）アジサイ属

K.Kawarada

花期
6月
樹高
0.5〜1m
日照
日なた〜半日陰
耐寒性
強い
耐暑性
強い
水分
やや湿潤

装飾花は淡い青で、一般に八重咲きだが一重咲きも見られる。咲き方もガク咲きから半てまり咲きまで変化がある。長野県北部、信濃町産のヤマアジサイの変種。

アジアンビューティー クララ

アジサイ科(ユキノシタ科)アジサイ属

花期	6月
樹高	1〜1.5 m
日照	日なた〜半日陰
耐寒性	強い
耐暑性	強い
水分	やや湿潤

ヤマアジサイの交配種。小ぶりで楚々とした一重のガク咲きで、小輪多花性。装飾花はシックな赤紫色で、花色は変わりにくい。新葉の展開時は赤く美しい。

津江小(つえこ)でまり

アジサイ科(ユキノシタ科)アジサイ属

花期	6月
樹高	0.8〜1.2 m
日照	日なた〜半日陰
耐寒性	強い
耐暑性	強い
水分	やや湿潤

てまり咲きで、丸弁の装飾花は萼片同士が重ならない。萼片は一部に絣のような模様を残しながら、しだいに淡い青に色づく。花色は土壌の酸度に左右される。「小でまり」の名のとおり、花房は小ぶりで、多数の花房をつけて見応えのある株になる。

七段花（しちだんか）

アジサイ科（ユキノシタ科）アジサイ属

花期	樹高	日照	耐寒性	耐暑性	水分
6月	1〜1.5m	日なた〜半日陰	強い	強い	やや湿潤

名前は萼片が何段も重なることに由来すると言われる。シーボルトの『日本植物誌』にも登場するが、長い間国内で確認されず「幻のアジサイ」とされた。

紅の白雪

アジサイ科（ユキノシタ科）アジサイ属

花期	樹高	日照	耐寒性	耐暑性	水分
6月	0.8〜1.2m	日なた〜半日陰	強い	強い	やや湿潤

一般的な緑色の葉色から、7月に入ると新梢の若い葉が白くなり、やがて淡いクリームになる。日陰の庭を明るくするカラーリーフ。花は一重のガク咲き。

両山黄金（りょうざんこがね）

アジサイ科（ユキノシタ科）ディクロア属

花期	樹高	日照	耐寒性	耐暑性	水分
6月	0.6〜1m	日なた〜半日陰	強い	強い	やや湿潤

明るい黄金色の葉をもち、のちにクリーム色から黄緑色になるカラーリーフ。可憐な純白の花は、小型でガク咲き。

紫紅梅（しこうばい）

アジサイ科（ユキノシタ科）アジサイ属

花期	樹高	日照	耐寒性	耐暑性	水分
6月	0.8〜1.2m	日なた〜半日陰	強い	強い	やや湿潤

一重のガク咲き。装飾花の萼片は丸弁で、やや内側に巻き込む。花色はアプリコット色から紫色に変化する。花も葉も全体的に小ぶり。徳島県産。

九重の花吹雪（くじゅうのはなふぶき）

アジサイ科（ユキノシタ科）
アジサイ属

花期	6月
樹高	0.3〜0.6m
日照	日なた〜半日陰
耐寒性	強い
耐暑性	強い
水分	やや湿潤

本来はガク咲きだが、小さい花房がいくつかまとまり、てまり咲きのように見える個性派。花色は両性花ともに濃い青紫色〜赤紫色。土壌によって花色は変化する。大分県で発見された。

K.Kawarada

花吹雪

アジサイ科（ユキノシタ科）
アジサイ属

花期	6月
樹高	1〜2m
日照	日なた〜半日陰
耐寒性	強い
耐暑性	強い
水分	やや湿潤

大型のヤマアジサイで、一重の清楚なてまり咲き。萼片は先端が尖り、縁には鋸歯があり、装飾花は繊細な印象。色は咲き始めが白で、咲き進むにつれて薄いブルーへと変化する。さらに装飾花の下に隠れていた両性花が紺色の花を咲かせると、アクセントの利いた色合いになる。

K.Kawarada

白心（はくしん）

アジサイ科（ユキノシタ科）
アジサイ属

花期	6月
樹高	0.6〜1m
日照	日なた〜半日陰
耐寒性	強い
耐暑性	強い
水分	やや湿潤

宮崎県の一部に自生し、ヒュウガアジサイと呼ばれることがある。一重のガク咲きで、装飾花は萼片の先が尖る剣弁。萼片同士は重ならない。両性花ともに花色は白。装飾花は白色の冴えがよく、印象的。

一才ガク

アジサイ科(ユキノシタ科)
アジサイ属

花期	6月
樹高	0.8〜1.2m
日照	日なた〜半日陰
耐寒性	強い
耐暑性	強い
水分	やや湿潤

装飾花、両性花とも青のガク咲き。葉は日当たりのよい場所では緑色から黒みがかった色に変化するヤマアジサイ。

茨城小輪

アジサイ科(ユキノシタ科)
アジサイ属

花期	6月
樹高	0.8〜1.2m
日照	日なた〜半日陰
耐寒性	強い
耐暑性	強い
水分	やや湿潤

茨城県の自生種。地元では、かつて造園によく利用されていたとされる品種。白い小ぶりな一重のガク咲きが楚々として魅力的。

姫草紫紅(ひめくさしこう)

アジサイ科(ユキノシタ科)
アジサイ属

花期	6月
樹高	0.8〜1.2m
日照	日なた〜半日陰
耐寒性	強い
耐暑性	強い
水分	やや湿潤

ガク咲きで、装飾花は丸弁の一重。咲き始めは黄緑色で、しだいに紅色に変化。両性花はピンク色。葉や茎はしだいに紫色を帯びる。四国産。

四季咲き姫

アジサイ科(ユキノシタ科)
アジサイ属

花期	6月、9月
樹高	1〜2m
日照	日なた〜半日陰
耐寒性	強い
耐暑性	強い
水分	やや湿潤

一重のてまり咲きで、装飾花は青。牧野富太郎氏が発見したヒメアジサイの二季咲き性のタイプ。前年の枝についた花芽が初夏から開花し、また、春から伸びた枝にも花芽がつき、秋から冬にかけて咲く。エゾアジサイそのものではないが、現在はエゾアジサイに分類されている。

星咲きエゾ

アジサイ科(ユキノシタ科)
アジサイ属

花期	6月
樹高	0.8〜1.2m
日照	日なた〜半日陰
耐寒性	強い
耐暑性	強い
水分	やや湿潤

八重のガク咲きで、剣弁の装飾花、両性花ともに桃紫色。第二次世界大戦後に、新潟県と長野県の堺にある苗場山で発見された。その後絶滅したとされていたが、新潟県の旧・笹神村(現在・阿賀野市)で再び発見された。

ペニーマック

アジサイ科(ユキノシタ科)
アジサイ属

花期	6月、9〜10月
樹高	1〜2m
日照	日なた〜半日陰
耐寒性	強い
耐暑性	強い
水分	やや湿潤

澄んだ青い花色が美しいてまり咲き。一重咲きで、四季咲き性が強く、開花は初夏と秋。しだいに赤みを帯び、特に秋は紫色から赤へと色変わりするので、青と赤の花が同時に楽しめることもある。

アナベル グランデクリーム

アジサイ科(ユキノシタ科)アジサイ属

花期	6月
樹高	1.2〜1.5m
日照	日なた〜半日陰
耐寒性	強い
耐暑性	強い
水分	やや湿潤

大輪改良品種で、アナベルに比べて雨で倒れにくい。直径約30cmの花房がたわわにつき人気。旧品種名はアナベルジャンボ。一重咲きが集まるてまり咲きで、淡い緑の蕾は咲くにつれて白に、さらに緑色に変化。観賞期間が降霜前までと長い。新枝咲きのため休眠期に剪定しても初夏には開花。強健で管理が容易。

アナベル グランデピンク

アジサイ科(ユキノシタ科)アジサイ属

花期	6月
樹高	1〜1.2m
日照	日なた〜半日陰
耐寒性	強い
耐暑性	強い
水分	やや湿潤

一重のてまり咲きで、小さな装飾花は濃い色からしだいに淡いピンクへ。旧品種名はピンクのアナベル。やがて緑色を含むアンティークカラーへと色変わりする。花後の強剪定で、約45日後に再開花する。やや軸が弱く、雨などで倒れることがあるので注意。

アナベル ミニルビー

アジサイ科(ユキノシタ科)アジサイ属

花期	6月
樹高	0.6～0.9m
日照	日なた～半日陰
耐寒性	強い
耐暑性	強い
水分	やや湿潤

アナベルの仲間で、花色が最も濃い赤の品種。旧品種名はルビーのアナベル。濃い赤紫色の蕾は、咲くと明るい赤とシルバーピンクの複色になる。咲き進むとくすんだ緑色に変化する。花後の強剪定で、約45日後に再開花する。葉は深い緑色で、葉と花のコントラストも美しい。

アナベル プティクリーム

アジサイ科(ユキノシタ科)アジサイ属

花期	6月
樹高	0.3～0.8m
日照	日なた～半日陰
耐寒性	強い
耐暑性	強い
水分	やや湿潤

アナベルの仲間のなかで最もコンパクトな品種で、花はアナベル同様に大きい。旧品種名はアナベルコンパクト。花色は薄いピンク色やごく淡い緑色から、白色、淡いアンティークグリーンへと変化。花房はつぎつぎに色づくため、一株で異なる花色を同時に楽しめる。

ジョン ウェイン

アジサイ科（ユキノシタ科）アジサイ属

花期
6月〜7月上旬
樹高
1〜1.5m
日照
日なた〜半日陰
耐寒性
強い
耐暑性
強い
水分
乾き気味

カシワバアジサイの花房は横向き、または垂れ下がるが、同品種は立ち上がりやすい。装飾花は一重咲きで、日当たりがよいとピンク色に。芳香がある。

シーキーズドワーフ

アジサイ科（ユキノシタ科）アジサイ属

花期
6月〜7月上旬
樹高
0.5〜0.8m
日照
日なた〜半日陰
耐寒性
強い
耐暑性
強い
水分
乾き気味

名前のとおり比較的小型のカシワバアジサイ。白い装飾花は丸弁の一重咲きで、集合花はピラミッド状。葉色は明るい黄緑色で、秋には紅葉も楽しめる。

スノーフレーク

アジサイ科（ユキノシタ科）
アジサイ属

花期	耐寒性
6月〜7月上旬	強い
樹高	耐暑性
1〜2m	強い
日照	水分
日なた〜半日陰	乾き気味

ピラミッド状の装飾花はボリュームのある八重咲き。紅葉も楽しめ、丈夫で育てやすく人気。

ドクターダー

アジサイ科（ユキノシタ科）
アジサイ属

花期	耐寒性
6月〜7月上旬	強い
樹高	耐暑性
1〜2m	強い
日照	水分
日なた〜半日陰	乾き気味

一重咲きの装飾花は白く長い花房が特徴。開花が進むと花色はピンク色を帯びる。強い芳香がある。

バーガンディーウェーブ

アジサイ科（ユキノシタ科）
アジサイ属

花期	耐寒性
6月〜7月上旬	強い
樹高	耐暑性
1.5〜2.5m	強い
日照	水分
日なた〜半日陰	乾き気味

花房はやや小ぶりだが、花つきがよく華やか。日当たりがよいと赤紫色に紅葉して美しい。

バック ポーチ

アジサイ科(ユキノシタ科)アジサイ属

花期
6月～7月上旬
樹高
1～1.5m
日照
日なた
耐寒性
強い
耐暑性
強い
水分
乾き気味

強い芳香が特徴。開花時の白から淡いピンク色に変わり、日当たりがよいとやがて濃い紅色に染まる。赤銅色の紅葉も楽しめる。

アプローズ

アジサイ科(ユキノシタ科)アジサイ属

花期
6月～7月上旬
樹高
1～1.5m
日照
日なた～半日陰
耐寒性
強い
耐暑性
強い
水分
乾き気味

樹高は中型で、集合花はやや小型。装飾花をきれいに並べる整形で、立ち上がるタイプ。芳香が楽しめる。

アリス

アジサイ科(ユキノシタ科)
アジサイ属

花期	耐寒性
6月～7月上旬	強い
樹高	**耐暑性**
1.5～2.5m	強い
日照	**水分**
日なた	乾き気味

装飾花と両性花を合わせた花房は大きく丸みがあり立ち上がる。日当たりがよいと装飾花はピンク色に。

エレンホッフ

アジサイ科(ユキノシタ科)
アジサイ属

花期	耐寒性
6月～7月上旬	強い
樹高	**耐暑性**
1～2m	強い
日照	**水分**
日なた	乾き気味

房が長く垂れ下がるタイプのカシワバアジサイ。花に芳香がある。

リトル・ハニー

アジサイ科(ユキノシタ科)
アジサイ属

花期	耐寒性
6月～7月上旬	強い
樹高	**耐暑性**
0.6～0.8m	強い
日照	**水分**
日なた～半日陰	乾き気味

黄金色のカラーリーフが特徴。白い装飾花は一重咲きで、集合花は小ぶりで立ち上がる。

花鳥風月（かちょうふうげつ）

アジサイ科（ユキノシタ科）
アジサイ属

花期	6月～7月
樹高	0.5～1.5m
日照	日なた～半日陰
耐寒性	強い
耐暑性	強い
水分	やや湿潤

ボリュームのあるてまり咲きが特徴。装飾花は八重咲きで、淡く白い縁取りがある濃色の覆輪となる。やがて縁取りは薄くなる。土壌の酸度により色幅があるため、ピンク色から青や紫色まで色変わりする姿はとてもエレガント。

ウエディングブーケ

アジサイ科（ユキノシタ科）
アジサイ属

花期	6月～7月中旬
樹高	1～1.5m
日照	日なた～半日陰
耐寒性	強い
耐暑性	強い
水分	やや湿潤

ボリュームのあるガク咲きで、まるでウエディングブーケのように豪華。星形になる装飾花も、小さな両性花も花弁化し、八重咲き。花色は土壌の酸度によって、ブルー系からピンク系まで。咲き進むと花色に茶色を含むようになる。

KEIKO

アジサイ科（ユキノシタ科）
アジサイ属

花期	5月～7月中旬
樹高	1～1.5m
日照	日なた～半日陰
耐寒性	強い
耐暑性	強い
水分	やや湿潤

咲き始めはガク咲きで、装飾花は白地に細いピンク色の縁取りがある覆輪。咲き進むと淡いピンク色に変わり、両性花を隠すように装飾花が立ち上がり、半てまり型になる。そのまま咲かせるとヴィンテージカラーも楽しめる。ジャパンフラワーセレクション2015-2016で最優秀賞を受賞。

スポットライト

アジサイ科(ユキノシタ科)
アジサイ属

花期	6月〜7月上旬
樹高	0.5〜1.5m
日照	日なた〜半日陰
耐寒性	強い
耐暑性	強い
水分	やや湿潤

八重のガク咲き。装飾花の咲き始めは中心が白っぽく、やがて全体が濃い色に染まる。花色と葉の緑色とのコントラストが美しい。装飾花は両性花を囲むようにまばらにつく。

星あつめ

アジサイ科(ユキノシタ科)
アジサイ属

花期	6月
樹高	0.5〜0.8m
日照	日なた〜半日陰
耐寒性	強い
耐暑性	強い
水分	やや湿潤

小ぶりな半てまり型で、装飾花がライムグリーンから白、水色、青へと色づき、両性花も花弁化する。花房ひとつで多様な色が味わえるうえに、どちらも星形の八重咲きで、またたくように華やか。島根県のオリジナル品種。

恋心

アジサイ科(ユキノシタ科)
アジサイ属

花期	6月〜7月上旬
樹高	0.8〜1.2m
日照	日なた〜半日陰
耐寒性	強い
耐暑性	強い
水分	やや湿潤

装飾花は萼片を幾重にも重ねる八重咲き。ボリューム感たっぷりのてまり咲きで、バラの花のような華やかな印象がある。花色は濁りのない上品なピンク色。品種名にふさわしく、ソフトで若々しい印象の品種。

サマークラッシュ

アジサイ科(ユキノシタ科)アジサイ属

花期	6〜7月
樹高	0.9〜1.5m
日照	日なた〜半日陰
耐寒性	強い
耐暑性	強い
水分	やや湿潤

ピンク色〜紫色のてまり咲き。咲き始めは淡い黄緑色で、しだいに弁先から色づく。花房は13〜15cm。新枝にも花芽がつく新旧両枝咲きで、夏場に涼しい環境であれば秋まで咲き、非常に四季咲き性が高い。耐寒性が特に強く、寒冷地でも庭植えが可能。ジャパンフラワーセレクション2022-2023の受賞品種。

スターリットスカイ

アジサイ科(ユキノシタ科)アジサイ属

花期	6月〜7月上旬
樹高	1〜1.5m
日照	日なた〜半日陰
耐寒性	強い
耐暑性	強い
水分	やや湿潤

鮮やかな青に白い斑が入る花色と、大きなウェーブの装飾花が特徴。一重のガク咲きで、厚く丈夫な装飾花は、ビンテージカラーに変化するまで楽しめる。新葉には斑が入り、葉の縁が切れ込む。2015-2016ジャパンフラワーセレクション受賞品種。

シンデレラ

アジサイ科(ユキノシタ科)アジサイ属

花期
6月〜7月中旬
樹高
1〜1.5m
日照
日なた〜半日陰
耐寒性
強い
耐暑性
強い
水分
やや湿潤

八重のガク咲きで、両性花の周りに浮かぶように装飾花がつく。土壌の酸度にかかわらず装飾花は白く、両性花も白。

トゥギャザーブラックビューティ

アジサイ科(ユキノシタ科)アジサイ属

花期
6月〜7月上旬
樹高
0.8〜1.2m
日照
日なた〜半日陰
耐寒性
強い
耐暑性
強い
水分
やや湿潤

小さな八重咲きの装飾花が集まったてまり咲き。光沢のある黒い茎が特徴で、葉は濃い緑色。花色は土壌の酸性度によってブルー系、ピンク系に咲く。

ポップコーン

アジサイ科(ユキノシタ科)アジサイ属

花期
6月〜7月上旬
樹高
1〜1.5m
日照
日なた〜半日陰
耐寒性
強い
耐暑性
強い
水分
やや湿潤

萼片の縁が内側に巻き込む、ウズアジサイ(p.42)タイプの装飾花。ポップコーンのような丸みのある形が可憐。一重のてまり咲きで、花色は鮮やかな青。

凛(りん)

アジサイ科(ユキノシタ科)アジサイ属

花期
6月〜7月中旬
樹高
1〜1.5m
日照
日なた〜半日陰
耐寒性
強い
耐暑性
強い
水分
やや湿潤

八重のガク咲きで、装飾花は濃色に白が縁取る色鮮やかな覆輪。やがて白の縁取りが緑色に変化する。花色は土壌の酸度によってピンク系や紫色に咲く。

マジカル レボリューション

アジサイ科(ユキノシタ科)アジサイ属

花期
6〜7月
樹高
0.6〜1m
日照
日なた〜半日陰
耐寒性
強い
耐暑性
強い
水分
やや湿潤

やや淡い花色で土壌の酸度によってブルー系、ピンク系に咲く。丈夫な装飾花は2〜5か月間観賞でき、秋色アジサイとしても楽しめる。

マジカル コーラル

アジサイ科(ユキノシタ科)アジサイ属

花期
6月〜7月中旬
樹高
0.6〜1m
日照
日なた〜半日陰
耐寒性
強い
耐暑性
強い
水分
やや湿潤

海の宝石、サンゴにちなむ品種名。一重のてまり咲きで、花色は土壌の酸度により変化する。花房ごとの咲き進み方で花色が異なり、1株で多様な花色が楽しめる。

マジカル アメジスト

アジサイ科(ユキノシタ科)
アジサイ属

花期	耐寒性
6月〜7月中旬	強い
樹高	**耐暑性**
0.6〜1.2m	強い
日照	**水分**
日なた〜半日陰	やや湿潤

土壌の酸度によりブルー系、ピンク系の花色が咲き、花の中心部が色づき、外側は緑色になる。

マジカル グリーンファイア

アジサイ科(ユキノシタ科)
アジサイ属

花期	耐寒性
6月〜7月中旬	強い
樹高	**耐暑性**
0.6〜0.8m	強い
日照	**水分**
日なた〜半日陰	やや湿潤

咲き始めは白、やがて紅色に緑色の大きなポイントが入る複色に。秋色アジサイとしても楽しめる。

フェザー

アジサイ科(ユキノシタ科)
アジサイ属

花期	耐寒性
6月〜7月中旬	強い
樹高	**耐暑性**
0.8〜1.2m	強い
日照	**水分**
日なた〜半日陰	やや湿潤

濃い紅色で八重のガク咲き。両性花も同色のため、華やかでよく目立つ。

火の鳥

アジサイ科(ユキノシタ科)アジサイ属

花期	6月〜7月上旬
樹高	1〜1.5m
日照	日なた〜半日陰
耐寒性	強い
耐暑性	強い
水分	やや湿潤

燃えるような赤い花色が特徴の装飾花。ほかにはない赤いアジサイ作りをめざし、15年の歳月を費やし生み出された品種。八重のガク咲きで、花房は約15cm。日陰ではピンク色になるが、よく日に当てると鮮やかな赤い花色が長もちする。

万華鏡(まんげきょう)

アジサイ科(ユキノシタ科)アジサイ属

花期	6月
樹高	0.6〜1m
日照	半日陰
耐寒性	強い
耐暑性	強い
水分	やや湿潤

細い萼片が重なる八重のてまり咲きは、まるで万華鏡をのぞいたように美しい。ブルー系またはピンク系に咲き、萼片を白く縁取る覆輪やグラデーションは、軽やかで繊細な彩り。小ぶりな花房と葉、低い樹高もバランスがよい。島根県オリジナル品種で、ジャパンフラワーセレクション2012-2013で最優秀賞を受賞。

美咲小町（みさきこまち）

アジサイ科（ユキノシタ科）アジサイ属

花期
6月〜7月上旬
樹高
0.8〜1.2m
日照
日なた〜半日陰
耐寒性
強い
耐暑性
強い
水分
やや湿潤

八重咲きの装飾花は小型で、花房は大きい。本来の花色は紅色で、土壌の酸性度によって、ピンク系に、紫系にも咲く。

ユーミートゥギャザー

アジサイ科（ユキノシタ科）アジサイ属

花期
6月〜7月上旬
樹高
0.8〜1m
日照
日なた〜半日陰
耐寒性
強い
耐暑性
強い
水分
やや湿潤

八重の装飾花をたくさんつけるてまり咲き。やや小ぶりな装飾花は萼片が肉厚で、花もちがよい。最後には緑色の秋色アジサイに変化するまで楽しめる。

ルビーレッド

アジサイ科（ユキノシタ科）アジサイ属

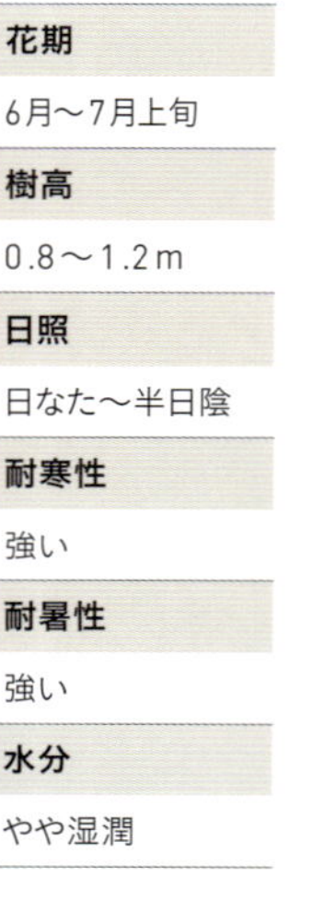

花期
6月〜7月上旬
樹高
0.8〜1.2m
日照
日なた〜半日陰
耐寒性
強い
耐暑性
強い
水分
やや湿潤

一重のてまり咲きで、花色は紅色。萼片にはギザギザした鋸歯があり、装飾花は端が内側に曲がるように抱え咲く。

レディインレッド

アジサイ科（ユキノシタ科）アジサイ属

花期
6月〜7月中旬
樹高
1〜1.5m
日照
日なた〜半日陰
耐寒性
強い
耐暑性
強い
水分
やや湿潤

濃色の赤の代表品種。ただし、土の酸性度によって花色は変化する。一重のガク咲きで、花つきがよい。

ノリウツギ
コットンクリーム

アジサイ科（ユキノシタ科）
アジサイ属

花期	耐寒性
6～9月	強い
樹高	耐暑性
0.8～1m	強い
日照	水分
日なた～やや半日陰	適湿

多数の両性花が円錐形に集まり、4弁の装飾花をちりばめる。花色は黄緑色から白、ピンク色に変化。

ノリウツギ
トーチオブピンク

アジサイ科（ユキノシタ科）
アジサイ属

花期	耐寒性
6～9月	強い
樹高	耐暑性
0.8～1m	強い
日照	水分
日なた～やや半日陰	適湿

装飾花は大形で細弁の独特の形をしている。花序はやや小形。花後の花色はピンク色になる。

ノリウツギ
ファイヤーライト

アジサイ科（ユキノシタ科）
アジサイ属

花期	耐寒性
6～10月	強い
樹高	耐暑性
1.5～1.8m	強い
日照	水分
日なた～やや半日陰	適湿

育てやすく、よく咲き、色の変化も早く鮮やかになる。花色は白花が、赤から赤紫色に変化。

ノリウツギ
サマーラブ

アジサイ科（ユキノシタ科）
アジサイ属

花期	耐寒性
6～9月	強い
樹高	耐暑性
0.8～1m	強い
日照	水分
やや半日陰	適湿

咲き始めは黄緑色で、満開はクリーム色、咲き進むとピンク色を帯びる。ポーランドで作出された新品種。

ノリウツギ
ピンキーウインキー

アジサイ科（ユキノシタ科）
アジサイ属

花期	耐寒性
6～9月	強い
樹高	耐暑性
0.8～1.2m	強い
日照	水分
やや半日陰	適湿

花は白から徐々にピンク色に変化。花穂が成長し続けるため、先端が白い2色咲きになる。

ノリウツギ
リビングリトルブロッサム

アジサイ科（ユキノシタ科）
アジサイ属

花期	耐寒性
6～9月	強い
樹高	耐暑性
0.3～0.7m	強い
日照	水分
やや半日陰	適湿

分枝性がよく、茎が丈夫で倒れにくい。花序はやや小さく、花後の花色はピンク色になる。

イワガラミ　ロゼウム

アジサイ科(ユキノシタ科)
イワガラミ属

花期	耐寒性
6月	強い
樹高	耐暑性
約15m	強い
日照	水分
日なた〜半日陰	やや湿潤

花は白く咲き、日当たりがよいとピンク色から赤い色になる。つる性で他の植物や壁に絡んで伸びる。

ガクウツギ　斑入り

アジサイ科(ユキノシタ科)
アジサイ属

花期	耐寒性
4月下旬〜5月上旬	強い
樹高	耐暑性
1〜2m	強い
日照	水分
日なた〜やや半日陰	やや湿潤

関東以西の本州、四国、九州の太平洋側に分布。斑入りの葉、白い花で、品種によって芳香がある。

タマアジサイ　九重(ここのえ)タマ

アジサイ科(ユキノシタ科)
アジサイ属

花期	耐寒性
6月下旬〜8月	強い
樹高	耐暑性
1.5〜2m	強い
日照	水分
日なた〜半日陰	やや湿潤

八重のガク咲き。白い装飾花の花弁が八重になる。アジサイの仲間で最大の豪華な花。

タマアジサイ　瓔珞(ようらく)タマ

アジサイ科(ユキノシタ科)
アジサイ属

右)球状の蕾が開き、萼片と両性花が見え始めたところ。苞葉は一部がまだ残っている。左)八重の装飾花は白花になり、開き始めた両性花はまだ黄緑色。

花期	耐寒性
6月下旬〜8月	強い
樹高	耐暑性
1.5〜2m	強い
日照	水分
日なた〜やや半日陰	やや湿潤

日本固有種で、苞葉に包まれた蕾は球のよう。瓔珞とは寺院や仏壇を装飾する仏具のこと。

常山(じょうざん)

アジサイ科(ユキノシタ科)
ディクロア属

花期	耐寒性
6月上旬〜7月中旬	強い
樹高	耐暑性
0.3〜0.6m	強い
日照	水分
半日陰〜日陰	やや湿潤

装飾花はなく、両性花は丸い蕾から一重の小さなてまり咲きになる。花後の青い実も楽しめる。

赤葉アジサイ

アジサイ科(ユキノシタ科)
アジサイ属

花期	耐寒性
6月中旬〜7月中旬	強い
樹高	耐暑性
1.5〜2.5m	強い
日照	水分
日なた〜やや半日陰	やや湿潤

中国南部やインド北東部が原産のアジサイ属アスペラの仲間で葉が赤い。花はピンク色のガク咲き。

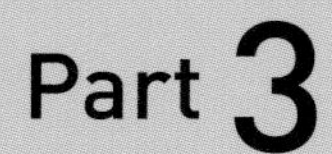

Part 3

咲かせるだけではもったいない！

アジサイをもっと楽しむ

アジサイは、切り花や寄せ植え、ドライフラワーにすると、
きれいに長く楽しむことができます。
また、全国各地のアジサイの名所やおすすめスポットも紹介します。

一見、アジサイの仲間とは思えない、
変わったタイプにも魅力がいっぱい。
特徴と育て方のポイントを紹介します。

変わったタイプを育ててみよう

シュガーラッシュ

〈ノリウツギ〉

暑さ寒さに強いため、栽培しやすい種類です。日当たりがよい方が好きですが、かなり日陰にも耐え、花をつけます。しかし一番の特徴である花終わりの花を美しく楽しむためには、やはり日当たりがよいことが大切です。大型で樹高は3m以上になりますが、アメリカアジサイと同様、新梢咲きなので花後の花がら切りが不要。落葉期の剪定で半分くらいの大きさにでき、コンパクトに育てられるので、今後いっそう人気を得るでしょう。花色はpHに左右されません。

ファイヤーライト

〈ガクウツギ〉

小型の葉と開花時期が早いのが特徴。半日陰が一番適した環境ですが、日当たりでも日陰でも栽培できます。コンテリギ（紺照木）の別名があり、葉が紺色になる特徴があり、その色を出すには日照が必要なため、注意します。基本的には花色は白なので、pHによる花色の変化はありません。葉が小さく可憐なため、鉢植えや寄せ植えにも向きます。

ガクウツギ

〈ツルアジサイ〉

唯一のツル性のアジサイです。気根（植物の茎や枝から空中に伸びる根）が出るのが特徴で、樹木やコンクリートブロックなどにくっついてよじ登るようにして伸びていきます。欧米ではそのような使われ方が広まっています。鉢植えではヘゴ棒などにつけて育てます。空中湿度の高いところが好みなので、都市部など、乾燥しやすい場所では水切れさせないよう注意が必要です。

ツルアジサイ

〈イワガラミ〉

アジサイの近縁種で、アジサイではありません。ツルアジサイと同様につる性植物として利用できますが、本種は乾燥に耐えるので使いやすい種類。都市部ではこちらがおすすめです。斑入りの葉の品種が多く、葉が黄金色の品種や、丸い形の品種、花色が日当たりによって赤くなる品種もあります。装飾花は清楚なイメージがある一枚弁のガク咲きタイプです。

イワガラミ

〈その他〉

自生地では群生するタマアジサイは、乾燥にはやや弱いので、栽培する場合は注意が必要になります。ガクウツギをさらに小さな葉にしたコガクウツギはガクウツギと同じ楽しみ方ができ、こちらは花も白以外にもピンクや青があり楽しめます。葉の形に特徴がある、大型のヤハズアジサイは海外で人気が高い種類です。

タマアジサイ

コガクウツギ

ヤハズアジサイ

アジサイを もっと 楽しむには 2

庭に咲いたアジサイを切り花にしたら、
すぐにしおれてしまった経験があるかもしれません。
美しさを長もちさせる切り方のコツと、
飾り方を紹介します。

切り花を美しく長もちさせよう

さまざまな色合いのアジサイを、高低差をつけてカット。
柔らかな色のグラデーションなので品よくまとまる。

6月末頃のアジサイ。花瓶やジャムの空き瓶を使って飾った。ガラスなど、使用する素材を揃えると統一感が出て素敵に見える。アジサイの高さをそろえたり、色の配置によってもイメージが変わる。

5月末頃、色づきはじめたガクアジサイ。よく水が上がる
簡単な切り方をすれば、みずみずしさをキープできる。

長もちする茎の切り方

アジサイは水揚げがよくないので、そのままだと切り花にしてもすぐにしおれてしまいがち。水揚げが格段によくなる茎の切り方をマスターしましょう。

1 アジサイは飾る長さよりやや長めに切る。茎の先を深く斜めにカットすると、断面の面積が増えて水を吸い上げやすくなる。

2 茎の中にある白い綿のような部分をハサミの先を使ってかき出す。これも水を吸い上げやすくするため。

葉から蒸散すると花に水が揚がらないので、葉はなるべく取ること

3 かき出したら、茎の先端に2cmほどの切り込みを縦に入れる。

4 切り込みが入った状態。水を入れた器に飾る。水は毎日替えること。飾っているうちにしおれてきたら、同様の作業を繰り返すと元気になる。何度繰り返してもよい。

茎が傷まないよう、水は5cm浸かる深さに

バランスのよい飾り方

花器とアジサイの組み合わせは、高さの基本の比率を覚えておくと便利です。花器と花器から出るアジサイの高さの比率を、およそ1：1(〜1：0.8)程度に収まるようにすると、初心者でもバランスよく飾ることができます。

切り花にした後の株も楽しむ

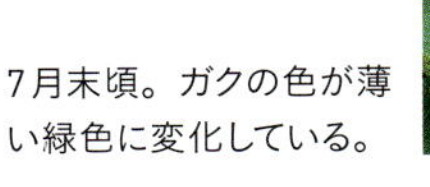

5月末頃。薄いブルー、ピンクや薄紫の花色。

花の盛りの頃、薄紫からピンク色だったアジサイのガクの色は、7月末頃になると緑色に変化していきます。水分が抜けてカサカサした状態になることを立ち枯れといいます。また、品種によっては咲いた花が気温の変化などによって、時間をかけてアンティークカラーの色合いに変化していきます。これを「秋色アジサイ」といい、楽しむ人が増えています。

7月末頃。ガクの色が薄い緑色に変化している。

鉢植えと庭植えを寄せ植えにしたり、
年による花色の変化や室内で寄せ植えを楽しんだり、
さまざまな組み合わせも魅力です。

寄せ植えや花色の変化を楽しもう

鉢植えと庭植えの組み合わせ

大きくなりがちな庭植えのアジサイを、鉢植えと組み合わせると簡単に寄せ植え風の演出が可能。小さな庭にもおすすめです。鉢植えのコンパクトなアジサイは、置き場所を変えるだけで庭の印象を変えられます。庭植えのアジサイと組み合わせて、小道のように見せることもできます。
鉢植えは水切れさせないように気をつけましょう。

6月上旬頃。右手前が庭植え、左と右奥が鉢植えのアジサイ。配置を工夫して小道風に。

5月末頃。手前が鉢植えのガクアジサイ、奥が庭植えの西安。タイプの違う花を組み合わせても。

教えてくれたのは
谷川文江さん

株式会社アトリエフィーズ代表取締役。一般社団法人フラワーワークスジャパン代表理事。1996年フラワースクール「アトリエフィーズ」を設立。2013年一般社団法人フラワーワークスジャパンを設立し、講師の育成にも力を注いでいる。「花とインテリアを通じて暮らしを楽しむ文化を創造する」を理念に幅広く活動中。著書に『切り花を2週間長もちさせる はじめての花との暮らし』『はじめての極小ガーデニング』(ともに家の光協会)。

その年の花色を楽しむ

多くのアジサイは土壌酸度によって花色が変化することが知られています。そのため、環境の変化により年によって花色が変化することも。酸度を調整することにより、花色を変えることもできますが、自然にまかせてその年ならではの色を楽しむのもよいでしょう。

5月末頃、鉢植えのロイヤルパープル。前年は濃い紫だったが青色が抜けて赤紫に。

5月末頃。この年の西安は全体が薄いピンク色に。

翌年の5月末頃。薄ピンク色〜薄紫の花色に。

室内でも寄せ植えを

日照を好むアジサイは、他の植物と組み合わせて室内に飾ることができます。日当たりのよい場所に置くのが理想ですが、強すぎる日光が当たる所は避けましょう。また、水を好むので、乾き気味に育てたほうがよい植物と組み合わせないようにしましょう。

アジサイ'星の桜'にブルーベリー、ニチニチソウ、ワイヤープランツ、フウチソウを合わせて和風の雰囲気に。季節とともに花や実がつき、里山の風景のようにイメージの変化が楽しめる。

ノリウツギ'ライムライト'、常山、ニチニチソウの組み合わせ。ノリウツギの明るい葉色が爽やか。常山はアジサイ科だがアジサイではなく、近縁の仲間で常緑の低木。

近年人気のラグランジアシリーズで寄せ植え風に。ラグランジアは種間雑種で側芽にも花が咲き、株いっぱい花で埋まる。株は横に張り、樹高があまり高くならないので、扱いやすい品種。

アジサイを もっと 楽しむには 4

アジサイをナチュラルドライフラワーで楽しもう

庭で育てたアジサイの花を、
長く楽しめるドライフラワーにして、
部屋の中でも楽しみましょう。
自然な花色を留めた
手軽なアレンジメントができます。

ドライフラワーにしたアジサイを花や葉をそのまま生かしてスワッグに。簡単でおしゃれなのでおすすめ。

ガラスのメディシンボトルに花を切って入れ、細いひもでかわいらしく。瓶に入れるので美しさが長もちする。

Before → After

庭で育てたアジサイを切って乾かし、自然乾燥でドライフラワーに。花色が凝縮されてシックな色合いになる。

教えてくれたのは

吉本博美さん

雑貨ブームや高感度なライフスタイルを牽引するDepot39のドライフラワー専任講師としてテレビや雑誌などで作品を発表。東京・府中でドライフラワーショップと教室「Rint-輪と」を主催し、広島、長崎でも定期講習会を開催。ナチュラルドライフラワーを使った自然に寄り添うアレンジを提案している。著書『はじめてのナチュラルドライフラワー』、『美しく魅せるナチュラルドライフラワー』(共に家の光協会)。

ナチュラルドライフラワーはどんなもの？

・乾かすと水分が減るため、植物の色素が凝縮されて深く美しい色になる。
・花の向きや茎などの表情が立体的。そこに咲いているような風情がある。
・花だけではなく、葉や茎、実も使って無駄なく活かし、より自然な印象に。

用意するもの

麻ひも

家の中に花を吊るして乾かす時に。ピンやフックなどに引っ掛けて使用する。

花切りバサミ

庭の花を切るときに使用。セラミック製などの錆びにくい素材がおすすめ。

乾かし方

葉は2～3枚つけて茎は長めに切り、ハンガーやピンチなどで1本ずつ、エアコンの吹き出し口から少し離れたところに麻ひもを張って吊します。部屋の角を利用して、花が壁にくっつかないようにします。窓から離れた、直射日光が当たらない場所が適します。

ドライフラワーにする分は秋口まで切らないで

ドライフラワーにする分の花は、花がら切りをせずに秋口までそのままにしておきます。切るタイミングの目安は自然に水分が減って、花が紫色を帯びたり、花の一部が緑色になってきたときです。早く切ると花が縮みやすくなります。

鉢植えのアジサイを切らずに秋まで育てたもの。鉢の土が乾いたら水やりして半日陰で育てる。花を残した茎は翌年の花が期待できないので、咲かせたい場合は気をつける。

管理のポイント

残ったドライフラワーや、乾かした花をすぐに使わない場合は、小分けにして新聞紙に包み、輪ゴムでまとめて箱や紙袋に入れて直射日光が当たらない涼しい場所に置きます。新聞紙の間に衣料用の乾燥剤をはさんでおくと湿気がこもるのを予防できるので長もちします。また、衣料用の防虫剤を入れておくと害虫予防に効果的です。

作ったドライフラワーを飾ろう

〈シンプルスワッグ〉

ドライフラワーにしたアジサイに、ワイヤーで吊り下げ用の輪を作り、リボンを結んだだけのシンプルなスワッグです。

作業時間の目安 約**15**分

出来上がりサイズ：長さ27cm、幅16cm

材料と用具
アジサイの花　1本
クラフト用ハサミ
リボン（白、幅6cm×100cm）
地巻きワイヤー（＃26茶×1本）

How to make

1
アジサイは、葉をつけたまま使う。茎を花房の直径の1〜1.5倍くらいの長さにハサミで切る。

2
ワイヤーを二つ折りにして花房の5cmくらい下に2〜3回巻きつけ、茎の際で締めて2回ねじる。ワイヤーを広げて吊り下げ用の輪にする。余分なワイヤーは切る。

3
ワイヤーを巻きつけた上からリボンを1回巻いて結び、リボン結びにする。リボンは花房のほうまで垂らして整える。

〈メディシンボトルに〉

ドライフラワーの花の部分を切り、100円ショップや通販でも入手できるメディシンボトルに詰めて細い紐を結びました。

作業時間の目安 約**20**分（1つ当たり）

出来上がりサイズ：
左／直径4.5cm、高さ9cm、
右／直径5.5cm、高さ11cm

材料と用具（右のボトル）
アジサイの花　1本
クラフト用ハサミ、ピンセット
カラー紙ひも（茶、太さ1mm×100cm）
メディシンボトル（直径5.5cm、高さ11cm）

How to make

1
アジサイの花を1つずつ、ハサミで切る。花が大きな場合や花が崩れた場合は、萼片1枚にしてもよい。

2
1をピンセットでボトルの中に詰める。外側から色がきれいに見えるように確認しながら入れていく。

3
瓶の蓋を閉じてから軽く押さえて固定し、上からひもをかけてリボン結びにする。底面をマスキングテープで仮留めすると結びやすい。

※情報は2025年3月現在のものです。営業時間、定休日などは変更になる場合がありますので、最新の情報をご確認ください。

みちのくあじさい園
[岩手県一関市]

提供：みちのくあじさい園

見頃／6月下旬～7月下旬
原種品種数は日本有数。東京ドーム4個分の広さの杉林に3つの散策コースがあり、400種、4万株が咲き誇る。開花期間に合わせて「みちのくあじさいまつり」が開催される。
入園料（時期により変動あり）／大人1,000～1,300円、子ども500円
お問い合わせ／電話0191-23-2350（一関観光協会）、開園期間中は電話0191-28-2349

四季の里　緑水苑
[福島県郡山市]

提供：四季の里 緑水苑

見頃／6月中旬～7月中旬
秀峰安達太良山を背景に、清流五百川と隣接する面積およそ3万坪（10ha）におよぶ、自然型の池泉回遊式「花の庭園」。3,000株のアジサイのほか、四季折々の草花も楽しめる。
入苑料／大人500円、小・中学生300円
お問い合わせ／
電話024-959-6764

ジュピアランドひらた
[福島県平田村]

提供：ジュピアランドひらた

見頃／6月下旬～7月中旬
蓬田岳麓の自然を生かし、2万7,000株の人気の高い品種や新しい平田オリジナルのアジサイが約825種類植栽されている。世界のほとんどの種類のアジサイを観ることができる。
入園料／イベント期間のみ徴収
お問い合わせ／平田村役場企画商工課商工観光係
電話0247-55-3115

保和苑
[茨城県水戸市]

提供：保和水戸観光コンベンション協会

見頃／6月中旬～下旬
徳川光圀公が寺の庭を愛し「保和園」と名づけたのが始まり。約100種6,000株のアジサイが咲き競い、6月中旬より「水戸のあじさいまつり」が盛大に開催される。
お問い合わせ／
（一社）水戸観光コンベンション協会　電話029-224-0441

陶芸工房「間」
[千葉県香取市]

提供：陶芸工房「間」

見頃／5月下旬～6月上旬
30種類以上のヤマアジサイに彩られる、陶芸家の小野満恭子さんのアトリエ・陶芸教室とそのお庭。開花期間にはヤマアジサイと器のイベントも開催される。2025年の観覧可能期間は5月31日（土）～6月8日（日）。2026年以降も同期間。
お問い合わせ／
電話0478-75-1080
（アジサイの開花期間のみ）

本土寺
[千葉県松戸市]

提供：本土寺

見頃／6月上旬～下旬
700年前に日蓮聖人によって命名され、現在は「アジサイ寺」「四季花の寺」として親しまれている。10種類以上のアジサイが境内中に咲きわたり、その数は5万本以上に及ぶ。
拝観料／500円
お問い合わせ／
電話047-346-2121
（シーズンのみテレフォンサービス）

府中市郷土の森博物館
[東京都府中市]

提供：府中市郷土の森博物館

見頃／6月中旬〜7月上旬
東京ドーム3個分ほどの広大な敷地内各所に30種、約1万株のアジサイが咲き誇る。「アジサイの丘、アナベルの丘、アジサイの小径、アナベルの小径」など見どころ多数。蔵造りの商家や水車小屋など、レトロな建物とのコラボレーションもおすすめ。
入館料／大人300円、中学生以下150円、4歳未満無料
お問い合わせ／
電話042-368-7921

高幡不動尊金剛寺
[東京都日野市]

提供：高幡不動尊金剛寺

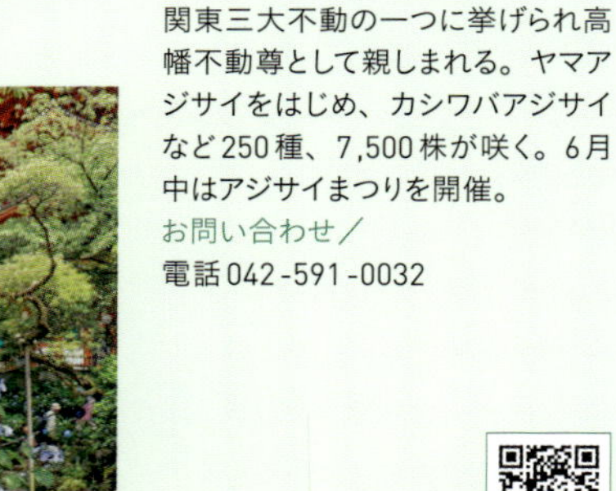

見頃／5月下旬〜6月下旬
関東三大不動の一つに挙げられ高幡不動尊として親しまれる。ヤマアジサイをはじめ、カシワバアジサイなど250種、7,500株が咲く。6月中はアジサイまつりを開催。
お問い合わせ／
電話042-591-0032

横浜イングリッシュガーデン
[神奈川県横浜市]

提供：横浜イングリッシュガーデン

見頃／5月下旬〜6月中旬
華やかな園芸品種から清楚な印象のヤマアジサイまで、およそ300種のアジサイと初夏の植物が観賞できる。開花時期には「アジサイ・フェスティバル」も開催。
入園料（時期により変動）／
大人700〜1,500円
小中学生400〜800円、未就学児無料
お問い合わせ／
電話045-326-3670

明月院
[神奈川県鎌倉市]

提供：鎌倉市観光協会

見頃／6月中旬〜下旬
関東を代表するアジサイ寺。6月にはヒメアジサイ2,500株が咲き乱れ「明月院ブルー」と呼ばれる。ガクアジサイ、カシワバアジサイも見られる。
拝観料／
大人500円、小中学生300円
お問い合わせ／
電話0467-24-3437

北鎌倉古民家ミュージアム
[神奈川県鎌倉市]

提供：北鎌倉古民家ミュージアム

見頃／5月下旬〜6月下旬
古民家や料亭を移築・再生したミュージアム。「あじさいの回廊」と称した建物の周囲に100種、250株のアジサイが植えられている。シーズンにはアジサイ展も開催。
入館料／500円
お問い合わせ／
電話0467-25-5641

相模原麻溝公園
[神奈川県相模原市南区]

提供：相模原市

見頃／5月下旬〜6月
相模原市の花でもあるアジサイ約200種、7,400株が咲き誇り、開花期間中に「アジサイフェア」を開催。管理事務所でアジサイ散策マップを配布している。
お問い合わせ／
相模原麻溝公園管理事務所
電話042-777-3451

箱根登山鉄道沿線
[神奈川県箱根町]

提供：㈱小田急箱根

見頃／6月中旬〜7月中旬
アジサイの咲く時季の箱根登山電車は「あじさい電車」の愛称で親しまれている。車窓に触れるほど咲き誇る沿線のアジサイを、登山電車から楽しめる。夜にはライトアップも。
お問い合わせ／
小田急箱根 鉄道部
電話0465-32-6823

小室山妙法寺
[山梨県富士川町]

提供：小室山妙法寺

見頃／6月下旬〜7月上旬
小室山妙法寺境内一面に、色とりどりのアジサイ約1万株が咲き乱れる。地域で手づくりしたアジサイの里として、開花期間にはイベント「あじさい観賞ウイーク」も開催。
拝観料／300円
（管理・育成費として）
お問い合わせ／
富士川町産業振興課
電話0556-22-7202

あじさい寺　深妙寺
[長野県伊那市]

提供：あじさい寺 深妙寺

見頃／6月中旬～7月中旬
2,500株・200種類のアジサイが咲く。境内から裏山にかけて33体の観音像を囲むように咲き誇るアジサイは、写真撮影スポットとしても人気を集めている。
お問い合わせ／
電話0265-72-5070

神戸市立森林植物園
[兵庫県神戸市]

提供：神戸市立森林植物園

見頃／6月中旬～7月中旬
六甲山の山並みを背景に、自然を最大限に活用した総面積142.6haの広大な植物園。六甲山で発見された幻の花といわれたシチダンカをはじめ、25種350品種、約5万株を収集して植栽している。
入園料／
大人300円、小・中学生150円
お問い合わせ／
電話078-591-0253

県民公園太閤山ランド
[富山県射水市]

提供：(公財)富山県民福祉公園

見頃／6月上旬～下旬
太閤山ランドのあじさい通り500mの両側に咲き誇る、約140種2万株のアジサイは見ごたえたっぷり。毎年6月下旬に開催されるあじさい祭りでは、アジサイにちなんだ各種イベントも。
お問い合わせ／
電話0766-56-6116

下田公園
[静岡県下田市]

提供：(一社)下田市観光協会

見頃／6月上旬～下旬
広大な下田公園の敷地を埋め尽くす総計15万株300万輪のアジサイは、訪れた人を圧倒するほどの迫力。6月にはあじさい祭を開催、100種以上の品種を観賞できる。
お問い合わせ／下田市観光協会
電話0558-22-1531

三光寺
[岐阜県山県市]

提供：三光寺

見頃／6月中
6月の境内には、1万株・二百余種類が花曼荼羅の如く咲き誇り、アジサイの山寺として知られる。日本古来の品種であるヤマアジサイが中心。開花期間にあじさい祭りの開催も。
お問い合わせ（お寺のご相談・お申込み用電話番号）／
電話0581-52-1054

大塚性海寺歴史公園・性海寺
[愛知県稲沢市]

提供：稲沢市

見頃／6月上旬～中旬
多種多様なアジサイが開花し、毎年6月上旬～中旬まで稲沢あじさいまつりが開催される。貴重な文化財が多数残されており、歴史と文化、自然を満喫しながらアジサイ観賞ができる。
お問い合わせ／稲沢市役所商工観光課　電話0587-32-1332
性海寺　電話0587-32-4714

柳谷観音　立願山楊谷寺
[京都府長岡京市]

提供：柳谷観音 立願山楊谷寺

見頃／6月初旬～7月上旬
境内に京都最大規模の約5,000株のアジサイが咲き誇る。名勝庭園のほか、建物内には書院から奥之院まで続くあじさい回廊もある。開花期間には柳谷観音あじさいウイークを開催。
拝観料／500円（ウイーク期間中：700円）※高校生以下無料
お問い合わせ／
電話075-956-0017

三室戸寺
[京都府宇治市]

提供：三室戸寺

見頃／6月中旬～下旬
開花期にあじさい園が開園。50種、2万株が杉木立の間に咲く様は紫式部日記絵巻のような景観で、あじさい寺としても名高い。6月上旬～中旬の土・日の19～21時にはライトアップも。
拝観料／
大人1,000円、小人500円
お問い合わせ／
電話0774-21-2067

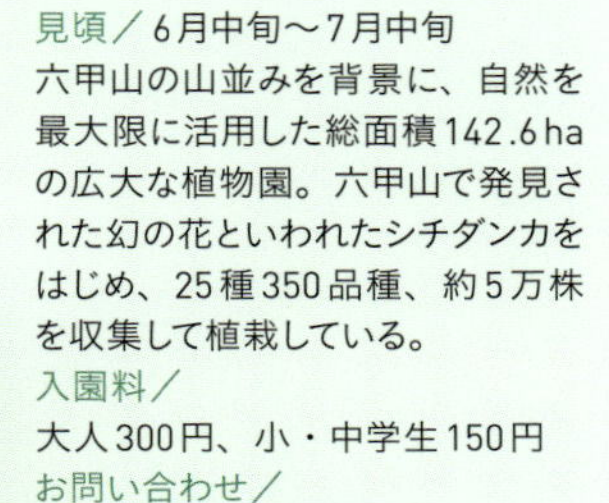

あじさい曼荼羅園
（瀧尾山救馬溪観音境内）
［和歌山県上富田町］

提供：あじさい曼荼羅園

見頃／6月中旬
アジサイの花を曼荼羅にたとえて名づけられた園は、昭和60年より救馬溪観音の境内に苗を植え始めて作られた。現在では約1万株・約120種類が咲き誇り、近年では開園期間中に1万人が入園。様々なイベントを企画しており、訪れる人々の心を和ませている。
入園料／大人800円、小人400円
お問い合わせ／
電話0739-47-1140

月照寺
［島根県松江市］

提供：月照寺

見頃／6月中旬〜下旬
松江藩主松平家の菩提寺で、情緒あふれる境内は小泉八雲も愛したとされる。初代藩主松平直政公の廟所を中心におよそ3万本のアジサイが咲き誇り、山陰のアジサイ寺として知られる。
拝観料／一般700円、小・中学生500円
お問い合わせ／
電話0852-21-6056

あじさいの里
［愛媛県四国中央市］

提供：四国中央市観光協会

見頃／6月中旬〜下旬
約4haの山の斜面に2万株のアジサイが咲き誇る花の名所。毎年6月中旬〜下旬にかけて「新宮あじさい祭り」が開催される。期間中はモノレールも運行予定。
お問い合わせ／
四国中央市観光交通課
電話0896-28-6187

のいちあじさい街道
［高知県香南市］

提供：香南市観光協会

見頃／6月上旬〜下旬
野市町西佐古から父養寺までの1.2kmの土手一面に20〜25種類、約1万9,000株のアジサイが咲く。ボリュームいっぱいのアジサイが美しく彩る様は圧巻。春には桜も楽しめる。
お問い合わせ／香南市観光協会
電話0887-56-5200

白野江植物公園
［福岡県北九州市］

提供：白野江植物公園

見頃／6月上旬〜下旬
周防灘（瀬戸内海）を臨む小高い丘にあり、敷地面積はおよそ8ha。地形を活かしたアップダウンのある園内では、アジサイをはじめ、四季を通じて植物や生き物、風景を楽しめる。
お問い合わせ／
白野江植物公園管理事務所
電話093-341-8111

見帰りの滝
［佐賀県唐津市］

提供：（一社）唐津観光協会

見頃／6月中旬
日本の滝百選の名瀑。周辺の山道や遊歩道沿いには約50種4万株のアジサイが咲き誇る。開花期にはたくさんの観光客でにぎわい、夜間はライトアップされた景観も楽しめる。
お問い合わせ／
唐津観光協会
電話0955-74-3355

ハウステンボス
［長崎県佐世保市］

©ハウステンボス／J-21812

見頃／6月上旬〜中旬
ヨーロッパの街並みとアジサイが一緒に見られるのが魅力。開花中は各種イベントも開催され、ピンク色のオリジナル品種「ハウステンボス」も見ることができる。
入園料／1DAYパスポート大人7,600円、子ども5,000円など
お問い合わせ／ハウステンボス総合案内ナビダイヤル
電話0570-064-110

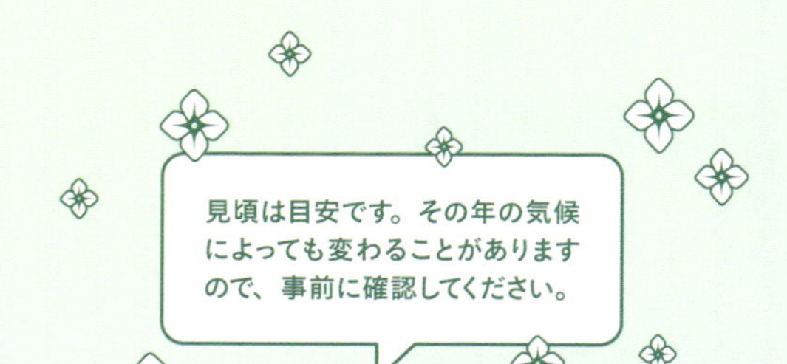

INDEX

あ	
茜雲	59
赤葉アジサイ	80
アジアンビューティークララ	63
アナベルグランデクリーム	12,15,68
アナベルグランデピンク	15,68
アナベル プティクリーム	15,69
アナベル ミニルビー	15,69
アプローズ	16,36,71
甘茶（天城、白、斑入り、八重）	62
ありがとう	50
アリス	71
池の蝶	61
衣純千織	43
泉鳥	49
一才ガク	66
茨城小輪	66
伊予紫紅	12,61
伊予獅子手毬	60
伊予の十字星	58
イワガラミ	83
イワガラミ ロゼウム	80
ウエディングブーケ	72
ウズアジサイ	42
エレンホッフ	16,71
桜花乱舞	43
黄金葉	12,53
大島緑花	49
か	
カーリーウーリー	43
ガクアジサイ	13,41
ガクウツギ 斑入り	17,80
花鳥風月	72
菊咲き這い	59
クイーンズブラック	43
九重の花吹雪	65
クレナイ	10,14,58
黒姫	59
KEIKO	72
幻月	44
コアジサイ	17
恋心	73
コガクウツギ	17,83
ごきげんよう	48
九重タマ	80
古代紫	44
コットンクリーム	17,79
さ	
最高の晩餐	39
サマークラッシュ	74
サマーラブ	79
シーキーズドワーフ	70
四季咲き姫	67
紫紅梅	64
獅子王	44
七段花	64
ジャパーニュミカコ	44
城ケ崎	13,45
常山	80,87
ジョン ウェイン	36,70
シンデレラ	75
朱雀	45
スターリットスカイ	74
スノーフレーク	16,70
スポットライト	73
石化八重	45
セリーナ	48
た	
ダブルダッチゴーダホワイト	45
タマアジサイ	83
ダンスウィングエンジェル	54
ダンスパーティー	46
ダンスパーティー ハッピー	46
津江の緑澄	57
月うさぎ	42
津江小でまり	63
ツルアジサイ	83
ディープパープル	53
てててまり	58
てまりてまり	13,38
トウギャザー ブラックビューティ	75
トーチオブピンク	79
トーマス ホッグ	10,35,48
ドクターダー	36,70
な	
撫子ガクアジサイ	41
ナデシコ咲き	39
は	
バーガンディーウェーブ	70
白心	65
白扇	60
バック ポーチ	16,36,71
華あられ	46
花火	40
花吹雪	65
ハワイアンブルー	46
ひな祭り	51
ひな祭りルナ	51
火の鳥	77
ヒメアジサイ	10
姫草紫紅	66
日向紅	60
ピンキーウインキー	79
ピンキーリング	50
ファイヤーライト	79
フェザー	76
ブラックダイヤモンド	47
ペニーマック	67
べにてまり	56
紅の白雪	64
星あつめ	73
星咲きエゾ	17,67
星の桜	87
星の雫	56
ポップコーン	75
ホベラ	54
ホンアジサイ	13,42
ま	
舞姫	56
マジカル アメジスト	76
マジカル グリーンファイア	76
マジカル コーラル	76
マジカル レボリューション	76
万華鏡	77
三河千鳥	42
美咲小町	78
深山八重紫	14,55
紫水晶	14,55
萌黄	58
もこもこたん	47
モナリザ	38
桃色サワアジサイ	57
や	
屋久島コンテリギ	14,60
ヤハズアジサイ	83
ユーミートゥギャザー	78
瓔珞タマ	17,80
ら	
雷王	40
リトル・ハニー	12,71
リビングリトルブロッサム	79
両山黄金	64
凛	75
ルーリィ	47
ルビーレッド	78
レイ	52
レディインレッド	78
レモンキス	52
恋愛物語	53
ロイヤルピンク	54
ロイヤルブルー	54

川原田邦彦 （かわらだ・くにひこ）

1958年、茨城県生まれ。東京農業大学造園学科卒業。茨城県牛久市の「確実園園芸場」主宰。（株）鳩の木代表、（農）アオイ理事、（一社）日本植木協会会員。「趣味の園芸」講師として活躍するほか、樹木のナーセリー、造園などを幅広く手がける。アジサイ類やカエデ、フジなどが専門。特にヤマアジサイは長年にわたり、幅広く収集、研究を続けている。著書に『NHK趣味の園芸12か月栽培ナビ アジサイ』（NHK出版）、監修に『最新版 イラスト もう迷わない 庭木の剪定 基本とコツ』（家の光協会）ほか。

確実園園芸場
〒300-1237
茨城県牛久市田宮2-51-35
TEL：029-872-0051　FAX：029-872-2238

〈参考文献〉
『日本のアジサイ図鑑』（川原田邦彦、三上常夫、若林芳樹著、柏書房）
『NHK趣味の園芸12か月栽培ナビ アジサイ』（NHK出版）
『アジサイの教科書』（緑書房）

Staff

アートディレクション	釜内由紀江（GRiD CO.,LTD.）
デザイン・DTP制作	石川幸彦（GRiD CO.,LTD.）
カバー・新規撮影	八藤まなみ
編集協力	瀧下昌代
写真協力	川原田邦彦　Y.H
挿画	足澤匡（p.13～16）
イラスト	角しんさく
監修	谷川文江（p.84～86）　吉本博美（p.88～90）
撮影協力	確実園園芸場　谷川孝幸（p.84～86） 杉山和行（p.88～90）
取材協力	澤泉美智子（p.88～90）
校正	兼子信子

毎年きれいに咲かせる
アジサイの育て方

2025年4月20日　第1刷発行

著　者	川原田邦彦
発行者	木下春雄
発行所	一般社団法人 家の光協会 〒162-8448 東京都新宿区市谷船河原町11 電話　03-3266-9029（販売） 　　　03-3266-9028（編集） 振替　00150-1-4724
印刷・製本	株式会社 東京印書館

ISBN 978-4-259-56835-1 C0061